绿手指小花园系列

大师改造课
小花园设计与打造

[日] 有福创　主编　　花园实验室　译

长江出版传媒 ⓚ 湖北科学技术出版社

目录｜Contents

Part 1

[访问篇] 向 DIY 达人 学习创意………11

Part 2

[基础篇] 制订造园计划………35

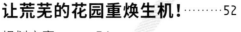

DIY造园
感受别样的乐趣

DIY，是英文"DO IT YOURSELF"的简写，意为自己动手。

和堆满商业化产品的庭院不同，自己动手打造的庭院颜色更容易协调统一，构造物的尺寸可以自由调整以契合庭院大小。即使做错了也可以再次修改，让庭院与时俱进，不断变化。

装上栅栏形成私密的空间，让庭院产生新的使用价值；制作木甲板和长椅，打造可以感受微风习习的舒心场所。在按自己喜欢的样子打造的庭院里，可以感受四季不同的乐趣。春秋两季，在庭院里与宠物嬉戏，和朋友一起享用下午茶；冬季，一边享受温暖的日光浴，一边计划春季种植的植物；在夏日夜间的浪漫烛光下，共饮一杯葡萄酒……都是何等喜心乐事。

本书中用大量的精彩案例介绍了 DIY 造园时避免失败的设计要诀。先从一张长椅开始，试着自己动手制作吧！DIY 造园，一定会让你的人生变得更有趣！

有福创

DIY

初学者也可以无压力制作的木架，可作为展示台。

亲自动手
造就美妙的花园

在造园时 DIY，
可以创造出个性十足的空间。
从小物件开始，慢慢到大家具，
自己动手改造，
感受花园生活的乐趣吧！

公交车站样式的小型凉亭起到了遮挡的效果，成为庭院的焦点。

在小空间里放上架子，打造富有魅力的前院花园。

利用构造物，可以更立体地观赏植物。

DIY

制作栅栏与搁板,
感受装饰的乐趣。

7

DIY需要常备的工具

开始 DIY 时，尽可能备齐以下工具，可以提高工作效率。电动类工具可以找五金店租借。

测量需要的工具

测量尺寸和水平度，再画上印记是 DIY 的基本步骤。除了圆锯导向尺是使用圆锯者需要准备的，其他几件都是必备工具。

水平仪
在制作栅栏或木甲板的时候，用水平仪测量水平线是法则。水平仪有各种尺寸，约 45cm 长度的比较趁手。

三角尺
能够量出直角的尺子是 DIY 的必备品，"L"形尺子也可以。图中是专业人士用的尺子。

圆锯导向尺
用圆锯切木材的时候，使用圆锯导向尺可以提高切割精度。

建筑用铅笔
可以在木材或是水泥板上画印记的铅笔，笔芯比普通铅笔的更顺滑，可以画出较深的印记。

卷尺
有 2m、5m 等不同长度，造园多在户外操作，因此宜选择不锈钢材质的卷尺。

切割、弯曲的工具

切割木材的时候，锯子是不可或缺的工具。刚开始用电动圆锯时可能会有些不适应，但是工作效率很高，习惯之后会觉得很方便。

锯子
有单面的和双面的，初学者用单面的较为合适。

圆锯
通过圆形的齿轮旋转来切割木材的电动工具，切割不费时间，切面光滑。如果附近的建材中心有木材切割的服务，就不必自备。

曲线锯
电锯的一种，锯齿很细，切割时可以自由改变方向，适合锯出弯曲的线条。

老虎钳
小型钳子，适合进行细致的工作。

美工刀
推荐购买厚刃的美工刀，可以用来切割薄的胶合板。

敲、钉的工具

　　冲击钻和电钻，只要有其中一种即可。需要钻打大量螺丝或者长螺丝时，使用冲击钻更为方便。而对于女性来说，电钻较轻且冲击力较小，更为适用。

橡胶锤
砌砖头或是在铺设小路时用得到。

螺丝刀
用于拧紧或拧开螺丝。即使有电动螺丝刀，也可以作为备用品。

冲击钻
具有锤击功能，可以一边冲击一边旋转，长螺丝也可以简单上好。安装不同的钻头，可以进行不同操作。

电钻
开孔、上螺丝的工具，根据前方装置钻头的不同，可以进行不同操作。

工作手套是必需品
为避免在工作中受伤，操作时一定要戴上手套。棉线手套可能仍会扎伤手。建议选用更为结实的木工手套。

造园工具

　　从整地到植物种植，造园及维护也有不可缺少的工具。以下是需要备齐的基本工具。

三角手锄
顶端尖锐，可用于挖掘坚硬的土块，提高工作效率。

树篱剪
用于给树篱、灌木修剪、造型。

园艺锯子
用于锯断较粗的枝条。

移植铲
种植或是移栽植物时的必需品。

耙子
用于清扫落叶或是清理修剪后的草坪。

铁锹
挖掘种植穴，铲土和堆肥的工具。

园艺剪刀
日常修剪残花、枯叶时所用，刀刃较小，适合精细的作业。

修枝剪
修剪小枝条的剪刀，给玫瑰等植物的修剪、疏枝时不可缺少。

水管车
可以把水管收纳到一起。设计美观的水管车可以成为庭院一景。

适合花园DIY的木材

花园 DIY 用的木材应该具有一定的防腐性，适合户外使用，而且不宜过于坚硬，以便初学者操作。下面介绍一下本书里使用的一些木材。

方木

切口正方形或接近正方形的木材。

Ⓐ 30mm×30mm
Ⓑ 45mm×45mm
Ⓒ 60mm×60mm
Ⓓ 90mm×90mm

适合花园的木材

栅栏和木甲板都会受到风吹雨打，容易腐烂，尽量选择下面的木材。

硬木
耐久性强，无涂刷也可以保持很多年，最适用于木甲板。价格高，质地坚硬、沉重，较难进行切割等操作。图中是东南亚产的铁樟木。

人工木材（树脂木材）
树脂和木粉合成的木材，不易腐烂，也适用于木甲板。

ACQ 防腐木
经过高压浸透 ACQ（季铵铜，木材防腐剂）的 SPF 木材，防腐防虫，质地较软，初学者也可以简单操作。

2×材

2× 材是用英寸的规格来表示木材厚度的木材类别。1 英寸为 25.4mm，考虑到木材干燥后的收缩，实际尺寸会略小。材质多为 SPF 木材（云杉、松木、冷杉）。在花园中使用时，要涂刷或是注入防腐剂。

Ⓐ 1×4 材　Ⓑ 2×4 材
Ⓒ 1×6 材　Ⓓ 2×6 材

2× 材的尺寸

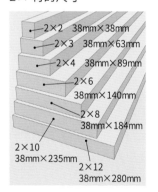

2×2　38mm×38mm
2×3　38mm×63mm
2×4　38mm×89mm
2×6　38mm×140mm
2×8　38mm×184mm
2×10　38mm×235mm
2×12　38mm×280mm

1× 材的尺寸

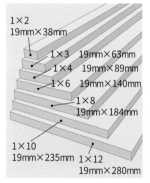

1×2　19mm×38mm
1×3　19mm×63mm
1×4　19mm×89mm
1×6　19mm×140mm
1×8　19mm×184mm
1×10　19mm×235mm
1×12　19mm×280mm

建材中心从工具到材料，DIY 用品应有尽有。园艺部除了植物苗木，铺装材料等造园 DIY 素材也很丰富。

活用建材中心的服务

建材中心提供各种免费和收费的服务：把木材切割到需要的尺寸，出租电动类工具、轻型卡车，以及送货服务。遇到木材太长，搬运和入户困难，没有切割的场地或是自己切割有顾虑的，利用建材中心的切割服务更省心。

Part 1

[访问篇]
向DIY达人学习创意

有福先生访问了 3 座运用 DIY 手法打造的花园，并进行了专业的点评和分析，相信一定可以为你带来灵感。让我们一起来学习 DIY 造园的各种好创意吧！

A区 房屋背后的小空间进化史

从15年前在墙壁上装上木格子开始DIY，经历了凉亭等的改造，3年前完成了这个DIY小空间。现在，园主又在进行全面翻新，改造成如第13页中的图片所示的样子。

15年前

10年前

3年前

桥本景子

DIY持续改造
条件严酷的小花园

在倾斜坡地上建造的桥本家，玄关部分和房屋的背后有高低差，几乎没有适合打造花园的空间。小小的后院空间有西晒，且毗邻大路和邻居家，私密性很差。桥本女士利用DIY克服了这样严酷的条件，打造出了凝聚主人心血的美丽空间。

C区和D区

从道路上看一览无遗的台阶，变成有私密感的空间

将台阶上的沙砾换成泥土，再铺上红砖，两侧留出种植空间，用红砖砌出抬高式花坛。在台阶正对面设置了遮挡视线的栅栏。

现在

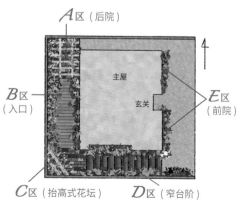

A区（后院）

主屋

玄关

B区（入口）

E区（前院）

C区（抬高式花坛）

D区（窄台阶）

花园平面图

15年前

台阶下方的拐角花坛。

*C*区
将半阴的角落改造成抬高式花坛

将狭窄的花坛抬高后,不仅保证了足够的种植深度,也让通风得到了改善。斜角突出的砖块砌垒方法是亮点。

最初不要期望做到100分

有福 刚开始时看看房子的周围,大概没有人能够想到会创造出这样的花园。你的想象力太强了!

桥本 这也是经历了很多阶段,慢慢成功的。

有福 最初不要指望做到 100 分,一点一点慢慢改造的想法是很重要的。台阶部分要是交给专业人士来做的话,大概会全部铺上砖头。但是只把中间部分铺上砖头就显得非常俏皮,两侧还可以种植物,这样就把一段狭窄的台阶变成一个小花园,一般人大概都想不到。

桥本 台阶最狭窄的地方只有 80cm。最初我也觉得这是不可能的——全部是黏土,上面还铺了沙砾,全部挖掉再换土的工作量太大了!但一点点改造,最后就慢慢变成心目中的模样。我喜欢叶片有魅力的植物,现在以种植能耐半阴的观叶类植物为主。

(上左)大小、颜色各异的红砖,成为台阶中间铺设的亮点。
(上右)美丽的花斑叶和明亮的黄绿色叶片,让阴暗的台阶明亮起来。

*D*区
栅栏和丰盈的叶片
把台阶变成一个美丽的小宇宙

DIY 制作的栅栏遮挡了水泥墙面和与邻居家之间的过道,保证了私密性。台阶的两侧种植了耐半阴的观叶植物,形成清新的空间。

利用百叶窗遮挡空调外机

空调外机的罩子是百叶窗样式,和栅栏同色,让空间产生了统一感。

从台阶下向上看的景色。藤本月季攀缘在拱门上。

①沿着墙壁牵引了月季和铁线莲，下方是彩叶植物。
②用石头砌成花坛，种上植物以遮挡围墙。
③栅栏上悬挂着可爱的小杂货。

E区
充分活用仅有的土地打造立体的前院花园

沿着房屋和栅栏的种植区域很狭窄，利用砖块和石头打造成抬高式花坛，牵引上藤本月季以利用垂直空间。玄关两侧设置了架子用于展示杂货。

④在古董马口铁架子里放上小花盆或杂货。
⑤使用多肉植物来打造立体的组合盆栽。
⑥白色木架兼具了收纳花盆和杂货的功能。配合台阶对侧板高度进行了调整。在墙壁上安装了木条，用来牵引藤本月季和铁线莲。

和朋友一起完成
后院空间的
大变身

后院的翻新是在适合牵引藤本月季的冬季进行的。桥本在朋友斋藤京子（详见第18页）的帮助下完成了翻新。立柱子、架横梁这样的工作，因为有了朋友的帮忙才能很快完成。把拆下来的旧木材重新刷漆后，再利用到栅栏上，避免了浪费。

3年前完成的露台风格空间，经过数年后有点陈旧了。

称不上设计图的草图。大部分工作是在现场依靠感觉来完成。

开始！

1 拆掉以前的木板墙，留下月季苗。

2 立柱子，搭建凉亭框架的部分。

3 将下方的木板排列整齐后钉好。

4 安上窗框后，装上古典风格的窗户。

5 俯瞰的样子。在上方也架设了木条以便让藤本月季攀缘。

6 墙壁前的栅栏是用重新刷漆后的旧木材打造的，月季也牵引完成。

完成

B区
让入口处生机勃勃

入口处用木板铺设成甲板，外侧设置了种植空间。在水泥墙面上牵引上植物，形成自然的氛围。

①砖块的厚度不同也无妨，可以通过地基来调整，嵌入了国外带回来的纪念品。
②栅栏边是细长的植栽空间。

A区
沿着小路向前
是想不到的秘密小花园

沿着入口小路前进，里面是私密感很强的后院。栅栏和木板墙遮挡了邻居家和道路，保证了私密性。

寻找适合环境的植物

后院通风不好，又有西晒，对于植物来说是很严酷的环境。园主种植了很多品种，经历过多次淘汰，现在还在持续寻找适合的植物。

因空间狭小而诞生的独特世界

有福 虽然花园里的土壤很少，但是植物还都挺茁壮的。

桥本 后面的路上有西晒，但是台阶附近的日照又不足，不少植物被淘汰了，想想只能算了。

有福 环境不同，种植中的试错也是必经的过程。

桥本 墙壁旁的栅栏是用再利用的旧木料打造的，木板的宽度也不一样。

有福 颜色统一，尺寸稍有差异也没关系，这样反而展现出个性。我看到地上也有各种不同的砖头，并非都是铺地的板材。

桥本 最初是基于丢了就可惜了的想法，想要物尽其用，所以都用来铺地了。

有福 空间小，反而容易在细节上凸显出设计理念。DIY 的好处就在于可以根据场地不同自由地发挥创意，把严酷的环境条件变成优势。

OPEN
GARDEN
ながれやまガーデニングクラブ
Since 2005

52a

Mehl

斎藤京子

从日式庭院开始改造的
杂货花园

园主经过 19 年，将一座日式庭院不断改造，形成了今天的面貌。
花园整体的色彩极具统一感，通过 DIY 把植物、古董小物件等调和起
来，造就创意满满的空间。

A区和C区
控制颜色数量
打造优雅沉稳的花园

DIY 的构造物和房屋是白色的，栅栏、储物间等是深绿色。花色则以白色和蓝色为主，点缀上淡粉色。通过对色彩数量的控制，让花园整体得到统一。

月季'罗莎'静静绽放。

廊架上攀缘盛开的是月季'康奈利娅'。

被栅栏和储物间包围的一角，椅子都是同样的颜色，很有统一感。

体会改造花园的快乐

有福 你开始 DIY 改造花园很久了吗？

斋藤 室内的 DIY 是 40 年前就开始了。19 年前，我搬到父母的旧居，开启了改造花园的体验。原本这是一座日式庭院，种植了梅花、紫藤和枫树。我从用木屑和便宜的红砖铺设道路开始改造，后来在道路和道路之间种植了植物。

有福 首先从铺路开始是很好的做法。如果不用分区域种植草花，或是一下子建好花坛，后面反而比较麻烦。

斋藤 木工 DIY 的缘由是要遮挡与邻居家之间的边界。空间有限，如果构造物太多，反而会有压迫感。

有福 DIY 的物品和植物的色调和谐统一，让景色更加紧凑。

斋藤 我很喜欢美丽的叶片，不种植花大的植物。绣球因为是很多小花聚集在一起所以种了。

有福 我注意到铺装时用到了各种砖块，很有魅力。

斋藤 大多是朋友花园里多余的砖块。因为经常会改造，所以材料并没有太多限制。为了方便改造，我也不用水泥。花园改造对我来说就像是永远不会结束的游戏。

装饰市售的储物间

金属制的储物间和栅栏同色，在门上装饰了白色木板和假窗户，别有意趣。储物间和栅栏之间的空隙用来收纳梯子。

*B*区
遮挡玄关的木板墙是值得装扮的空间

主人用白色杉木板打造了一面遮挡玄关的木板墙，成为可以装饰的空间。

（下）将古董金属制品装饰在柱子上。（右）花盆罩子和长椅也统一刷成白色。

这面遮挡玄关的木板墙是屏风型，并且固定在柱子上，不易倒。悬挂用的五金材料也很有特色，打造出美丽的景致。

*D*区 植物装点的各种小路

通过改变砖块的铺设方式，创造出不同风情的花园小路。地砖、小碎石等各种铺装材料，成为花园的亮点。

20年前

从铺设小路开始造园

原先是沙子和瓦砾混合的地面。先把瓦砾去掉，再用红砖铺设小路。和邻居家的边界暂时装上了买来的木网格……就这样一点点改造，20年后，终于变成今天的样子。

①多种多样的砖块造就妙趣横生的小路。
②方形石材、红砖和沙砾混搭铺设的小路。
③利用红砖和瓷砖搭配，打造成罗盘的样式。
④弯曲的红砖小路，制造出纵深感。

将长椅改造成花器，可以直接种植植物，也可以把盆栽植物放在里面。

月季'吉斯莱恩·德·费里贡多'开放的时候。

在铁皮花器里种植多肉植物。

空调外机罩子的上方是兼具摆设作用的架子，装饰性的抽屉很吸睛。

栅栏的顶端高低错落，演绎出自然的感觉。

*E*区　毗邻道路的空间　用来展示季节性花卉和杂货

挨着外侧道路的一侧没有围墙，用栅栏遮挡，牵引上藤本月季，让过往的行人也可以欣赏。架子和桌子上装饰了季节性花卉和杂货。

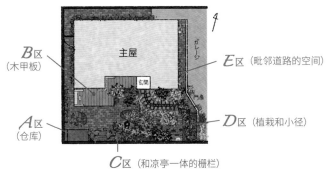

*B*区
（木甲板）

主屋

玄関

*E*区（毗邻道路的空间）

*A*区
（仓库）

*D*区（植栽和小径）

*C*区（和凉亭一体的栅栏）

课程1

桥本女士和斋藤女士教你打造

小小的前院花园

为了让景致更加立体，设置了两个和墙面、窗框颜色配套的展示架。在现有的植物中加入易于维护的观叶植物，形成不同的风景。

前

后

【需要准备的物品】

桌子面板上用的镀锌铁皮板

涂料等
涂刷镀锌铁皮板的基底涂料
涂刷镀锌铁皮板的水性涂料
涂刷木材的水性涂料

[准备]

木材涂色
将木材并排后涂色，可提高效率。

切断木材
按需要的尺寸切割，注意切口也要刷上涂料。

工具
圆锯、冲击钻、金属剪、锤子
（还需要三角尺、卷尺等）

五金件
钉子、装饰钉、自攻螺丝 50mm、
自攻螺丝 30mm、抽屉把手

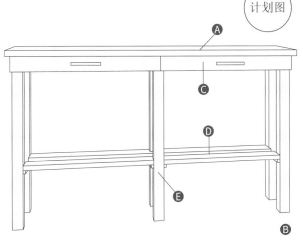

木材 Ⓐ 面板……面板 2×4 材　900mm×6 根
Ⓑ 桌脚……30×40 方材　100mm×6 根
Ⓒ 装饰抽屉……1×4 材　900mm×2 根
Ⓓ 隔板……1×4 材　850mm×4 根
Ⓔ 支撑架子和抽屉的椽木……30mm×40mm　方材 23mm×8 根

给面板贴上镀锌铁皮板

在桌子的面板上贴上镀锌铁皮板，可以保护木材不受雨水侵蚀，以便长期使用。再钉上装饰钉，让桌子更有设计感。

1 排好制作桌面用的 3 根木材，从反面把椽木条用螺丝上紧，固定好。

2 配合面板的尺寸，把镀锌铁皮板折好，沿着木条的边缘压出好看的直角。

3 把折好的铁皮板拉紧，钉上钉子以固定。

4 反面也折出直角，在计划钉装饰钉的地方做记号。

5 钉装饰钉之前，先用钉子开孔。

6 钉入装饰钉，在铁皮板和装饰钉上先刷上底漆，再刷水性漆。

23

组装和安装

最后的组装和安装都是在场地进行，组装的场所要事先把土地整平。

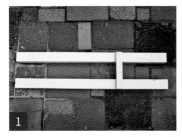

1 将用来制作桌脚的 2 根长木材上钉上椽木，固定好。

2 将面板、桌脚和架子组装在一起。

3 面板和桌脚的连接处用椽木固定好，装上假抽屉。

4 给假抽屉装上把手，桌子打造完成。

5 提前平整要安装桌子的场地，在放桌脚的地方垫上砖头，用水平仪确认水平。

6 将桌脚放在砖头上，用水平仪检测并调整高度。

安装完成

制作装饰架

在桌子旁设计一个用来摆放花盆和杂货的架子。考虑到整体的平衡，架子的高度应比窗户稍低。

1 先组装架子的支脚。

2 利用 4 根短横木固定好支脚。

3 安装好支脚和面板后，先将架子前方的装饰板装好，再装好上部的隔板，制作完成。

用剩余的木材制作栅栏

用剩余的木材和废材料制作栅栏，遮住和邻居家之间的空隙。完成后装上，令人耳目一新。

提升格调的要诀

在装饰架上摆放什么样的杂货和植物能够提升场景的格调呢？
下面由桥本和斋藤来告诉我们打造高雅场景的秘诀。

优雅的氛围

古典式的鸟笼、复古的花器以及清新的植物，演绎出优雅的氛围。柔美的玫瑰花朵搭配铁皮壶，传递出季节感。

不要太甜美

生锈的铁罐等颓废风格的杂货，搭配苔藓、多肉植物、观叶植物，给人飒爽的印象。左下方的鹿角蕨富有存在感，成为亮点。

课程2

桥本女士和斋藤女士教你打造
空调外机罩和长椅形收纳柜

DIY 初学者也可以轻松挑战的空调外机罩，以及可以用来收纳花盆、工具的长椅形收纳柜，一起来动手试试吧！

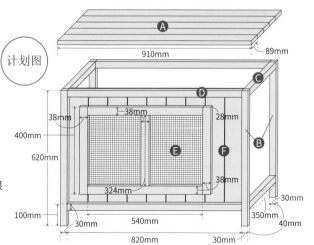

【需要准备的物品】

- Ⓐ 木材　面板……1×4 木材 910mm 5 根
- Ⓑ 支脚　方材……30mm×40mm×620mm 4 根
- Ⓒ 外框　方材……30mm×40mm×350mm 4 根
- Ⓓ 外框　方材……30mm×40mm×820mm 3 根
- Ⓔ 窗户　方材……30mm×28mm×400mm 2 根
  - 方材……30mm×28mm×540mm 2 根
  - 方材……30mm×28mm×324mm 2 根
- Ⓕ 前挡板　杉木板…10mm×89mm×550mm 3 根
  - 杉木板…10mm×89mm×110mm 12 根

铁丝网 370mm×570mm

角码 4 个

金属剪、三角尺

铁丝网

角码

计划图

Ⓐ　910mm　89mm

Ⓒ　Ⓓ

38mm　38mm　28mm

400mm　Ⓔ　Ⓕ　Ⓑ

620mm

38mm

324mm

100mm　30mm　540mm　820mm　30mm　30mm　350mm　40mm

长椅形收纳柜

- Ⓘ 杉木板…10mm×89mm×395mm 24 根
- Ⓙ 底板……1×4 木材 700mm 3 根

合页 2 个

【需要准备的物品】

木材
- Ⓐ 顶板…1×8 木材 800mm 2 块
- Ⓑ 方材…30mm×28mm×540mm 2 根
- Ⓒ 方材…30mm×40mm×730mm 2 根
- Ⓓ 方材…30mm×40mm×380mm 2 根
- Ⓔ 方材…30mm×40mm×800mm 1 根
- Ⓕ 方材…30mm×40mm×700mm 6 根
- Ⓖ 方材…30mm×40mm×315mm 1 根
- Ⓗ 方材…30mm×40mm×310mm 4 根

【打开盖子的样子】

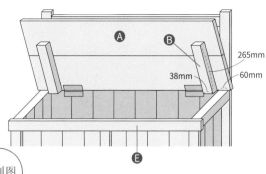

265mm
38mm
60mm

计划图

设计要点

椅子的座面要比下部的框架稍向外突出，可避免雨水进入收纳柜中。

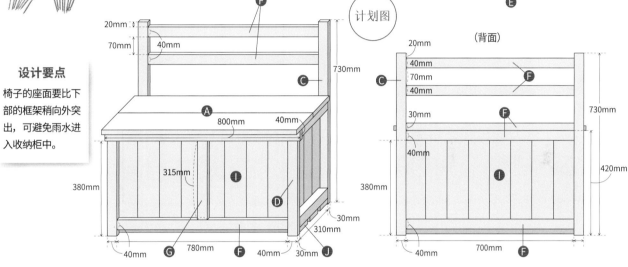

（背面）

空调外机罩、长椅收纳柜均需要

【准备的物品】

细螺丝钉
30mm
55mm

水性涂料
（银灰色、蓝色），
容器，刷子

工具
圆形锯
冲击钻
三角尺
卷尺

螺丝钉的收纳

螺丝钉要收纳在方便携带的零件盒子里，既不会弄乱，需要的螺丝钉也可以马上找出来。

准备工作

给木材上色

在没有光泽的银灰色涂料中加入蓝色以调配出想要的颜色。混合均匀后，先在废旧的木头边角料上进行涂刷试验。

1 在作为基色的银灰色涂料中一点点加入蓝色涂料。

2 均匀混合后，在废木材上涂刷以确认颜色。

3 给切割好的木材上色，切口部分也不要忘记涂刷。

Part 1 [访问篇] 向DIY达人学习创意

空调外机罩的制作方法

空调外机罩的透气性很重要，背面和侧面都不能有板子。

前侧面板的木条建议从反面用螺丝钉钉好，这样间距稍有不同也不会太明显。

1 窗框用"L"形尺子测量好角度后，用角码固定。把四边都依次固定好。

2 用金属剪剪下铁丝网，尺寸比窗框略大15mm。

3 用螺丝钉把铁丝网固定在窗框上。

4 组合好前侧面板的木条，尽量让木条间隔相等，从背面用螺丝钉上紧。

5 安装好下面部分的短木板，为了让高度一致，可以在窗框内侧放上一根木条作为基准。

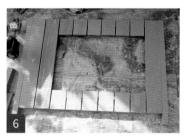

6 前侧面板的背面。将窗框安装上去。

7 前侧面板已完成，此处为正面。

8 制作外部的框架。

9 前面、侧面、后面都组装好，用螺丝钉固定，最后装上顶板。

确定尺寸的注意事项

测量空调外机的尺寸时，要考虑到管子突出的部分，以及空调工作时的振动。由于空调外机放置的地面并不一定是水平的，要用罩子调整，因此，尺寸做大一点比较安心。

完成

上了螺丝钉的地方要刷上涂料以起到保护作用。前面的铁丝网保证了通风性，这样才不会影响空调的工作效率。

长椅形收纳柜的制作方法

这个收纳柜形似椅子，制作方法非常简单。设计时要尽量精确测量木材的尺寸，这是成功的关键。

1 组装前面和后面的框架。

2 长椅的框架组装好的样子。

3 将底板安装上去。为了避免积水，木板之间留出些许间隙。

4 在框架内侧，装上前面和背面的木板。

完成

5 将侧面的木板也安装上去，最后用合页装好面板。

安装

如果直接放在地面上，木材容易受潮腐烂，因此可以在安装的时候在下面垫上砖块。

安装前的样子。花盆和肥料等随意堆放在地面，看起来很杂乱。

用水平仪确认水平度，在红砖下用土和碎石调整高度。

完成

青木真理子

在积雪地带打造的
治愈系自然花园

　　园艺师青木真理子的花园位于日本山形县靠山区的地方，那里冬季的积雪会超过 2m 深，一直到 5 月初才会消融殆尽。因此，花园里需要留出除雪机通过的道路。

　　在下雪的季节里，青木用创意来克服严酷的气候条件，DIY 创造出充满暖意、放松身心的花园。

在道路尽头的围墙前，放置了一个旧木门和一辆锈迹斑斑的儿童三轮车，在绿叶的掩映下更显惬意。

*A*区
犹如身处起居室一般
随意而放松

花园的各个角落都有椅子，温暖的季节里，可以在花园里用餐、小酌……花园成为家人休闲放松的地方。

为了把屋子上原有的门遮挡起来，做了一个复古风格的假门。

古典风格的秋千在下雪的时候收到仓库里，上方盛开的是月季'菲利西亚'。后面的窗户冬季会被雪盖住。

让植物自然生长

不多加干涉，让植物自由生长，枝条弯曲也不必在意。

奥莱芹。

铜锤玉带草。

选择了白色和淡粉色的月季品种

中小型花的藤本月季抗病虫害性较强。在木质洗衣夹上写上品种名并夹在枝条上用来标记品种。

月季'弗朗索瓦·朱朗维尔'和'保罗的喜马拉雅麝香'。　月季'阿利斯塔·斯特拉·格雷'。　洗衣夹。

阔叶美吐根。　山梅花。

不必太规整

有福　您的花园中间空间很大，所以即使种植了很多植物，也不会显得杂乱。

青木　因为冬季要进除雪机，就必须留出足够的空间。我是为了遮挡房屋开始 DIY 的，仓库是波浪板建造的、房子也不好看，便去建材中心购买了材料，开始干起来。最初就是随性而为，道路凸凹不平，没有去测水平度，也没有用砂浆铺装。

有福　不打算做一个规整的花园，而是做舒适、随性的花园，DIY 也变得轻松起来。

青木　我也喜欢尝试用废旧材料做点什么。道路上埋着的枕木腐朽后慢慢消失，这个过程看着也很有意思。

各种各样的叶片装点着短暂的春夏季

有金黄色叶片、紫红色叶片或带白边的斑叶的观叶植物让小路更加有魅力。

金叶过路黄、活血丹。　　玉簪、矾根、落新妇。

*B*区 绿意洋溢的花园道路

花园的小路没有用沥青铺设，而是铺上了红砖和石头。两侧是彩叶植物和地被植物。DIY 的拱门采用了便于拆卸的设计，以便冬季除雪机顺利通过。

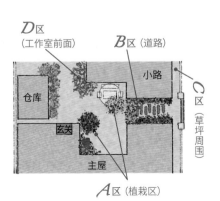

*D*区
（工作室前面）　　*B*区（道路）

小路

仓库

*C*区
（草坪周围）

玄关

主屋

*A*区（植栽区）

*C*区 猫咪们的秘密通道

小路的尽头，有一扇 DIY 的小栅栏，这是园主为猫咪专设的，成为迷你花园般的可爱空间。

重视配角的花园

有福　选择植物的时候，您很有自己坚持的原则。

青木　我不喜欢存在感太强的植物，而喜欢"静静站在这里"这样的配角植
　　　物，让它们相互衬托，别有意趣。为了避免太生硬的印象，我也种植
　　　了一些蔓生和姿态伸展的植物。每种植物栽种前都考虑了它们的生长
　　　方式。

有福　草坪上也有一点斑秃和草太长的地方，反而有随性的味道。

青木　草坪如果修剪得很平整，反而会失去平衡。我喜欢适度的"荒废感"，所
　　　以让川鄂爬山虎攀爬上房屋，更显自然。

有福　可以说是很让
　　　人放松的花园，
　　　想在这里小酌
　　　闲聊的那种。

青木　花园里稍微有
　　　点杂草，不过
　　　于规整，反倒
　　　让人有悠闲适
　　　意的感觉。

①育苗坛和花园的交界处，
用自然随性的栅栏进行分隔。
②在水泥路面上铺设了方形
石材，观感立马改变。

D区
工作室周围
是高级的自然颓废风

　　工作室的一部分用装饰门和木板作为背景。旧的
牛奶罐等杂货摆放在一起，打造出略带颓废风的景致。
工作室的前方是育苗区。

生锈的杂货别有复古风味。　铁锹的手柄也是风景的一部分。

课程3

青木女士和田代先生教你打造
自然风范的DIY小物件

青木和她的工作搭档——身为花园设计师的田代吉宏先生，一起带来
初学者也可以轻松制作的花园小物件 DIY 技巧。

利用废旧材料打造的花箱

在废木框上钉上一些旧木条，打造一个独具特色的花箱。旧木条的长度和宽幅不尽相同，反而更有随性之美。图中的花箱里放入了小花盆，这样用于临时存放花苗也是不错的选择。

用装饰窗作为背景

为装饰窗加上了小窗扇，将组合盆栽摆放在前方，犹如窗台上的景致一般，十分可爱。

在木框的底部装上铁丝网，更加透气透水，便于养护植物。

将旧木条斜着钉上，有一种随意的感觉。小小的彩色木牌很抢眼。

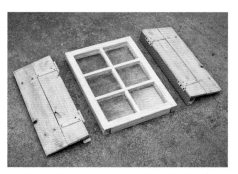

先将窗扇涂刷成蓝色，待油漆干燥后再涂上白色，用布擦拭，呈现做旧的感觉。窗框上也特意做出残缺。

Part 2

[基础篇]
制订造园计划

　　想要打造什么风格的花园，准备 DIY 哪些东西，植物种在何处……造园的时候，需要考虑的事情很多，因此，计划非常重要。先做好计划，再依次开展工作，可以提高工作效率哦！

从制订计划开始

计划是 DIY 造园非常重要的一步。完全无规划地边想边做，结果会和想象中的很不一样。即使一开始不能很详尽，也要有大致的计划：树木种植在哪里、DIY 的物品安装在哪里……决定了这些大项目之后，工作会更有效率，造园也会变得更容易。

在思考建造什么样的花园时，大家常常会去邻居家的花园参观借鉴，或是在头脑中搜索拜访过的花园的样子，才能对自己喜欢的花园风格有所了解。因此，在造园前要先了解不同的花园风格。

制订计划的顺序

1 了解自己和家人的需求

2 测量花园的大小

3 规划框架，划分区域

4 考虑配色与资材

5 决定 DIY 的范围

POINT 1

以图书和杂志作为参考

阅读相关的园艺图书和杂志，如果有喜欢的花园就贴上标签。也可以参考其他有房屋、花园照片的书籍。

POINT 2

去参观开放花园

每年春季，各地都会举办参观私家花园的活动，多关注这方面的信息。亲自去拜访，看看不同的花园，会收获许多有借鉴价值的创意和构想，也能帮助你明确自己想要的花园风格。

了解自己和家人的需求

把理想的花园具体化

花园的使用目的

不同的人对美好花园的定义不同。想在花园里做什么、如何规划花园的分区，了解自己和家人的需求是最重要的。

起居室是放松休闲的场所，厨房是做饭的地方，居家空间的用途十分明确。但花园和居家空间不一样，根据园主的需求，花园有很多的使用可能性。例如，有的人想在花园里悠闲地享用下午茶；有的人想将花园一角开辟成菜园，感受收获的喜悦；有的人希望能在花园里与宠物追逐嬉戏……基于不同需求打造的花园，风格和空间规划也大不相同。

此外，根据家庭成员的结构考虑将来是否需要在花园里停放自行车等……像这样的问题应先和家庭成员沟通，明确每个人的需求，才能整理出头绪来。

考虑风格和要素

不考虑风格而进行造园，容易导致花园没有整体感，变得杂乱无章。首先决定风格，是时尚现代风格、自然田园风格，还是怀旧复古风格等，才不容易失败。

确定好风格以后，在造园计划中加入花园的要素，例如木质甲板、藤本月季拱门、草坪等。将要素写出来，有助于开展下一步的规划。

确定花园的主题

最后，和家人一起商量，为花园命名吧！这样做可以让花园的整体风格和样貌更加清晰明了，也可以明确花园使用目的的优先顺序。更重要的是，可以大大提升打造花园的热情。接下来，我们列举了一些打造花园前需要了解的信息。一起来试试吧！

需求调查示例

Q1 家庭成员的构成是怎样的？

家庭成员的构成决定了将来会拥有的自行车或汽车的数量等，这是花园空间规划的基础。

Q2 花园的使用目的是什么？

考虑到将来的生活方式，客观整理出花园的使用目的，让花园成为能够满足家人需求的舒适空间。

例 花园的实用需求

- 停放自行车等
- 可供宠物散步回家后洗脚
- 晾晒衣物
- 在户外洗刷鞋子

希望在花园里做些什么

- 在花园里享用下午茶
- 尝试自己种菜
- 在吊床上休息
- 和家人朋友一起烧烤
- 体验园艺的乐趣
- 躺在草坪上放松
- 打造组合盆栽

花园呈现自然风，但又具有都市时尚感。如下图所示，为了与房屋的颜色相配，储物间、架子、栅栏等都统一为深灰蓝色。

都市自然风

风格案例

Q3 喜欢何种风格的花园？

收集让你心动的花园的照片，分析它们的风格。要注意，花园风格能够与建筑物及周边环境相匹配也很重要。

让植物自由生长，犹如原野般自然的花园。花园里的资材也应采用枕木、石头等天然材料。

乡村自然风

怀旧颓废风

将植物与带有岁月流经痕迹的物品（如生锈的牛奶罐、破旧的花盆、复古的杂货等）搭配在一起形成的花园。

Q5 现在的花园有哪些不足？

列举出注意到的不足，感到不适合的地方，以及希望改进的地方。

例
- 路上的行人可以看到起居室
- 不喜欢邻居家的墙面、窗户等
- 太狭窄
- 光照太差，阴暗
- 除草困难
- 修剪草坪麻烦
- 排水性差
- 不喜欢日式庭院风格

Q4 现在的花园有哪些优点？

光照条件、私密性、从花园看出去的风景等，都可以列举。

例
- 光照条件好
- 树木很有风格
- 私密性较好
- 面积不大，方便除草

Q6 喜欢的植物有哪些?

即使不知道名字,也可以收集植物的图片,从中寻觅自己心仪的品种。

像野花一样的可爱小花

各式彩叶植物

叶片形状独特的植物

Q7 花园里需要讨论的要素有哪些?

例如,想要种植藤本月季,就需要用于牵引的构造物,把想要的要素列出来吧。

例

- 木甲板
- 小路
- 花坛
- 月季拱门
- 月季凉亭
- 花园小屋
- 标志树
- 木栅栏
- 休闲区
- 花园厨房
- 草坪

▼

明确庭院的风格后
决定花园的主题

决定了花园的主题,花园的形象就会更加具体清晰。根据主题来决定花园要素的优先顺序,由此制订具体的实施方案。

例 能在绿叶笼罩的木甲板上悠闲休憩的花园

能够感受度假气氛的东方时尚花园

用心仪的小物件搭配装点的怀旧风杂货花园

能够让小狗自由玩耍的自然庭院

测量花园的尺寸
画计划图的准备工作

了解花园的长度、宽度、形状、方位，以及和建筑物的关系等空间环境条件后，就容易做规划了。绘制花园设计草图很重要，首先要做的事情是测量尺寸。

注意，除了花园，起居室的窗户等相关数据也要测量。如果有当年建房子时的图纸可以复印一份更为便利。

划分区域
把造园计划图纸化

在图纸上，确定好花园的主要构筑物，大概划分区域。例如，木甲板要安排在舒适、有树荫的地方，花园的朝向也很重要。一边画图纸，一边明确打造的优先顺序，而后再考虑植栽的分量、进行花园维护时的行动路线，这样慢慢具体化。

在网格纸上绘制花园布局草图，更清晰具象，便于规划，也可以减少 DIY 时的错误。如果是不太规整的花园，也可以直接手绘。大概绘制十张左右草稿，就能完成较为详尽的造园计划了。

网格图示例

主题：
在树荫下的木甲板上悠闲休憩的庭院

要加入的构成元素：
● 木甲板　● 树木
● 小路
● 和邻居之间的栅栏

想要在木甲板上享受树荫下的阳光，那么木甲板旁边就要有树木。另外，如果想在木甲板上休憩，还需要保证一定的私密性——从邻家或道路上看不见，因此，地点的选择很重要。家庭成员的数量则决定了木甲板的尺寸。通过绘制草图，能够让造园规划更加精确。可以利用房屋的大小或者柱子的大小来确定网格的宽度。

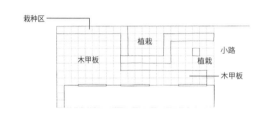
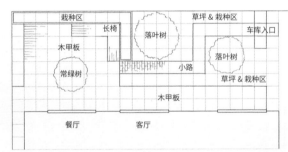
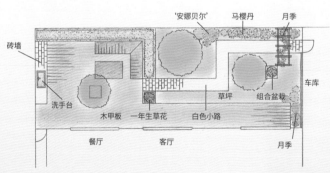

第一张图纸
第一张草图十分粗糙，但别担心，随着绘制，花园的布局会越来越具象。

完成网格图
在绘制了数张图纸以后，花园中的主要构造物的位置关系和大小就能清晰起来。到了这一步，可以计算出构造物的具体尺寸了。

上色（参见Step4）
至此，就可以给草图上色了。在草图上给花园里的要素涂上自己预想的颜色，花园的整体面貌就跃然纸上了。

随性手绘图示例

主题：漫步的庭院

需要加入的主题元素：
● 小路　● 草坪　● 树木　● 植栽　● 栅栏

沿着石头小路一边行走一边欣赏四季的植物生长变化。除了石头小路以外，还有草坪和大量的植栽区，带来一种自然随意的感觉。

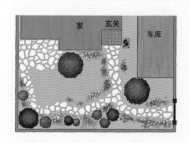

考虑配色与资材

打造风格和谐的构造物

决定基本色

在画好图纸、确定了建造风格后，就可以开始考虑凉亭、栅栏等花园基础构造物的颜色和材料了。

提到花园的主题，很多人都想到"放松""治愈""减压"等，可以根据这些需求考虑花园的基础色调。色彩是有"情感"的，泥土色、深蓝色、深绿色等色彩具有镇定感，淡奶油色和白色等颜色则自然柔和，可以作为花园的基础色。相反，红色、橘黄色则代表着兴奋、热情，如果将木甲板刷成这类颜色，则很难让人放松。

与周边环境协调也很重要

在决定花园的基础色时，也要考虑是否能够和从房屋和花园中看出去的风景，例如周边树木的叶色等协调搭配。此外，如果想在花园里使用红砖等特定的资材，那么基础色也要能够跟资材的颜色搭配。确定基础色以后，再决定与它对比的重点色，这样制订花园的色彩规划就变得容易了。

配色示例

栅栏和房屋颜色统一

房屋的墙壁和栅栏的颜色相同，小路用天然石板铺设，形成时髦的自然风格。

让重点色跳脱出来

基础色是淡淡的陶红色，重点色是暗哑的蓝色。

资材示例

枕木小路

适合自然风格花园的资材，但是耐用性较差。

碎石块小路

将形状不一的石块用水泥铺设而成的小路。

考虑资材的功能性

决定构造物的资材时，要考虑风格、色彩、功能性这三点。铺设露台和小路，有天然石材、红砖、地砖、枕木、水泥板等多种资材可供选择。即使是天然石材，打磨过的平板和切割出的碎石块也风格迥异。不同风格的花园，石材的选择也不同。(详见第 42 页)

栅栏、木甲板等要经受风吹日晒，因此宜选用不容易腐烂的木材，耐用性也是在选择资材的时候要重点考虑的因素。充分了解木材的特性后，再根据需要进行选择吧。(详见第 10 页)

各种铺装材料

花园小路、露台等需要地面铺装的地方，可供选择的资材十分丰富，可以用混凝土固定，也可以将资材直接排列摆放上去，方法多种多样。根据花园的风格和整体色彩选择相协调的资材。

方石块

厚度约 10mm 的石材，有不同的规格。常用于花园小路的铺设。

不规则石板

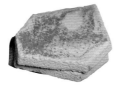

将石头按照不规则的形状加工成的石板，也叫"乱石板"。

方形平板石材

将石头切割而成的正方形或长方形的平板石材。根据石头的种类和颜色有各种不同的风格。常见尺寸有边长 140mm、200mm 和 300mm 的。

小石子

有各种不同的颜色，可用于镶嵌在道路两侧，也可以用来铺设露台地面。根据需要有不同的铺设方法。

红砖

颜色和风格多种多样。多数带有复古色调，具有怀旧感。

黑砖

和常见的红砖不同，颜色为接近黑色的深褐色，适用于营造沉稳的氛围。

铺装案例

方形平板石材和砖头组合

由于此处有车辆经过，因此使用了大型的方形平板石材以保证耐用性。在石材中添加了红砖，带来了温暖的气息。

无釉赤陶砖

这是一种在南欧经常使用的地砖。特点是质地柔软，色调温暖。

不同尺寸的砖头拼接在一起

将砖头切割成不同的尺寸，拼接铺设而成的放射形地面。

step 5

决定 DIY的范围

不要勉强，轻松完成

分阶段制作

确定了具体的花园形象以后，接下来就要决定哪个部分需要 DIY。对于初学者来说，不要一开始就挑战高难度的工作，先从简单的木工活或打造小花坛等难度较低的工作开始。成功之后，不断积累经验，这样会更有动力。相反，如果一开始就挑战高难度工作，很容易半途而废，失去 DIY 的兴趣。此外，预算也很重要，大型的构筑物也可以交给专业公司来打造。

不要指望一次性完成

DIY 很重要的一点是，不要想一次性就完成所有工作。随着经验的积累，会渐渐不满意自己最初的作品，或者想要改变花园的风格，不断改进、提升才是 DIY 花园的美妙之处。不断尝试，慢慢提升，造园的乐趣能一直持续。

造园的主要因素

DIY	**小型木工** 刷漆、制作小架子等	**打造花坛** 用石头、砖头等垒砌	**中型木工** 制作长椅、空调外机罩等	**铺设地面** 铺设小路、地砖等	**大型木工** 制作木甲板、栅栏、凉亭等	**砌墙、贴墙砖** 贴墙砖、垒砌墙面等
植物种养	种植草花	铺草皮	栽种灌木	种植、牵引藤本月季	种植乔木	修剪乔木

难易度 ➡

简单 ★   较难 ★★   很难 ★★★

入门爱好者	可完成	有挑战性	交给专业人士
中级爱好者	可完成	需要参考专业书籍	交给专业人士或者自己挑战
高级爱好者	可完成		有挑战性

入门爱好者

没有 DIY 的经验，但喜欢花园设计，想尝试自己动手打造花园的乐趣。

要点

- 木材在建材中心切割好，操作更轻松。
- 买工具和材料时多听听专业人士的建议，记录下重要的事项。

中级爱好者

做过小型木工或者自己砌过花坛，对 DIY 很感兴趣，想要挑战更大难度的工作。

要点

- 砖和石头这类重的材料可以网购送货上门。
- 大型木工活和铺装工作，可以邀请朋友和家人一起参与。

高级爱好者

具有一定的 DIY 经验，愿意花时间打造自己喜欢的花园。

要点

- 直接购买木材的话，要确认是否便于搬运入户。
- 可以试着翻新以前的作品，让花园也不断进化。

树木让花园看起来更加开阔

花园里的植物从高度上来说，可以分成乔木、灌木、草花、地被等。从零开始造园，首先应该考虑的是配置哪种乔木。有人会担心在花园里种植乔木会让花园看起来变小，但实际上恰恰相反。看看下方的示意图就可以知道，没有树木的花园缺乏立体感，一眼看过去，花园就是实际的大小，例如花园是 8m×8m 的话，那么看起来就是 64m²。而加入乔木后，空间会有立体感，花园的大小变成 64m²× 高度。也就是说，种植了树木以后反而会看起来更宽阔。另外，树木的枝条会产生透视感，让景致有纵深感。

以灌木为背景种植草花

选择好乔木之后，接下来要挑选的是灌木。灌木相对草花而言较高，会成为背景，是打造花园不可缺少的骨架植物。紫黑色叶片和金黄色叶片存在感极强，容易成为花园中的焦点。如果在花园里种植一大片草花，管理起来会很困难，相反，灌木只需要每年修剪一两次就可以保持形状，种植灌木来遮盖部分地面，管理也会轻松很多。草花可分为持续生长很多年的宿根草花，以及一年就结束生命的一年生草花。一年生草花可以在短时间内开放大量的花朵，演绎华丽的风景。综合考虑花园的通风、日照条件，以及自己能有多少时间去打理，来选择适合的植物。

在小路的边缘或者花园的角落种上地被植物后，可以覆盖地面，形成自然的氛围。根据需要挑选这四种植物后，就可以完成花园的植栽方案。

植物的选择顺序

1 **树木的选择**

中高型树木

低矮的乔木

灌木

2 **草花的选择**

根据不同区域进行选择

造园时树木的作用

只有草花的花园
花园缺少立体感，一览无余，栅栏和墙面变得显眼。

加入乔木和灌木的花园
种上乔木后，空间会立体化，让花园显得更开阔。灌木可以作为草花的背景，进一步凸显草花的美。

乔灌木的选择

打造庭院的骨架，让空间立体化

乔木的选择

　　落叶树四季都有各不相同的特点，让花园季节感鲜明。常绿树则有遮挡视线的效果。在选择乔木时，先根据叶片的生长方式观察树形，想象树苗是在什么地方生长的，再看看今后想要种植的地点是否合适。例如，正面和反面株形很不同的树，适合种植在以墙面为背景的地方。而叶片从任何角度看都很均衡的树木，则适合作为标志树种植在周围没有遮挡的地方，吸引目光。

乔木的选择

可以感受季节变迁的落叶树

发芽、开花、结果、凋零，落叶树在四季变迁中有不同的形态，很有魅力。夏季为花园带来绿荫，冬季光秃秃的枝干也别有韵味。

可以遮挡视线效果的常绿树

常绿树一年四季都有叶片，可以起到遮挡视线的效果。但是如果花园较小，种多了常绿树会有阴暗的感觉，要注意比例。

主干形和丛状形

　　丛状树形是从基部发出数根枝干的株形，而主干树形则只有一根主干。不同的树形具有不同的生长方式，一般来说主干形的树木生长速度较快，但是不进行适当修剪就会生长过大。因此，选择何种树形要根据花园的风格和种植地点来决定。

选择灌木时要注意花朵和叶片

　　选择灌木的时候，应该明确观赏的重点是花、叶片还是果实。雪柳、杜鹃、绣球正好在视线高度开花，可以演绎出季节感，花期结束后还能观赏繁茂的绿叶。叶片紫黑色的灌木会有聚焦的作用，形成低调沉稳的氛围。而黄色系叶片和花斑叶则能让半阴处变得明亮。

灌木的选择

花朵演绎出季节感

花朵好看的灌木可为花园带来季节感，且高度适中，可以成为花园的焦点。花期过后，繁茂的绿叶也可以为花园带来生机。

独具魅力的叶片

叶色美丽的灌木可以为花园带来变化，丰富花园的层次。选择不同叶色的灌木相间种植，可以避免单调。

可以带来季节感的落叶树 ≫≫≫≫≫≫≫≫≫≫≫≫≫≫≫≫≫≫≫≫≫≫≫≫≫≫≫≫≫≫≫≫

四照花
山茱萸科
株高 5~10m

习性强健，容易生长，5—6 月开放的白色大花实为苞片，很有魅力。夏季结出紫红色的果实，秋季叶色变红。

加拿大唐棣
蔷薇科
株高 7~8m

花、果实和红叶都有观赏价值，四季各具魅力。花白色或粉色，4 月中旬至 5 月开放。果实红色，成熟后会变成美丽的紫黑色。

红山紫茎（夏椿）
山茶科
株高 10~15m

夏季开放形似山茶花的白色花朵，映衬着灰褐色的树干，优美迷人。叶片深绿色，秋季变成红棕色或紫色。

枫树
槭科
株高 10~15m

具有代表性的红叶树，品种非常多，叶形、叶色都很丰富，春季的嫩叶也很美丽。修剪宜在初夏或 10—12 月进行。

可用于遮挡视线的常绿树 ≫≫≫≫≫≫≫≫≫≫≫≫≫≫≫≫≫≫≫≫≫≫≫≫≫≫≫≫≫≫≫

光蜡树
木犀科
株高 10~15m

纤细的叶片终年常绿，随风摇曳的树形很有魅力。5 月绽放白色花朵。习性强健，抗病虫害性较强，修剪造型较为容易。

具柄冬青
冬青科
株高约 7m

初夏开放白色小花，雌树于 10—11 月结出鲜艳的红色果实。叶片被风吹拂后会发出好听的声音。生长缓慢，但易于管理。

冬青
冬青科
株高 10~15m

6 月开放小小的白色至淡紫色花朵，秋季雌树会结出许多红色果实。如果孤植，可能会生长得过大。

菲油果
桃金娘科
株高 3~4m

叶片背面被银灰色茸毛，很有特色，可用作树篱，具有热带风味的果实和可食用的花朵，都很有魅力。抗病虫害性强，耐修剪。

值得推荐的落叶灌木 》》》》》》》》》》》》》》》》》》》》》》》》》》》》》

乔木绣球'安娜贝拉'

绣球科
株高 0.9~1.5m

6—7 月开花，花朵初为淡绿色，随着开放慢慢变白。枝条纤细，和草花搭配也很合适。新枝条开花，可根据喜好进行修剪。

紫叶风箱果'迪亚波罗'

蔷薇科
株高 0.4~1.5m

开放形似绣线菊的粉色花朵，株形和叶色都很美，可作为焦点植物。新叶金黄色而后慢慢变绿的品种'鲁德斯'也很受欢迎。

金叶小檗

小檗科
株高 0.3~0.4m

新叶为明亮的金黄色，十分美观。此外还有紫叶小檗、叶片红褐色带有白斑的'红光玫瑰'等品种。

绣线菊

蔷薇科
株高 0.6~0.8m

桃红色小花在 5—6 月成簇开放。新叶橘黄色，而后变成黄绿色，秋季变红的金焰绣线菊十分受欢迎。亦有可开放粉、白两种颜色花朵的品种。

弗吉尼亚鼠刺

虎耳草科
株高 0.6~2m

芳香的白色花穗下垂开放，富有风情。半阴处也可种植，秋季在温暖地区可看到美丽的红叶。

蓝莓

杜鹃科
株高 1~2m

4—5 月开花，6—9 月结果，秋季叶片变红，全年都可以欣赏。品种不同株形也不同。

值得推荐的常绿灌木 》》》》》》》》》》》》》》》》》》》》》》》》》》》》》

小叶女贞'柠檬女贞'

木犀科
株高 0.5~1.5m

矮小丛生，半阴处也可种植，易于修剪造型。叶片金黄色，种在光照好的地方，颜色更鲜艳。

紫金牛

报春花科
株高 10~30cm

原生于林下的小灌木，适合半阴处，10 月结出红色果实，可持续观赏至翌年 2 月。也有斑叶等不同叶色的品种。

地中海荚蒾

忍冬科
株高 0.6~2m

习性强健，可种植于半阴处。花蕾赤红色，绽放后为群集的白色小花。花期 4—6 月，秋季结出蓝紫色果实。

木藜芦

杜鹃科
株高 0.2~1m

不同品种叶色也不同，新叶粉色或奶油色，随着生长慢慢变绿，各种叶色同时存在。适合种植在明亮的半阴处。习性强健，耐修剪。

草花的选择

划分区域来选择

选择适应环境条件的植物

确定花园的整体风格，选择好乔灌木等"骨架"植物之后，就可以选择自己喜欢的草花品种随心种植。不过需要注意的是，要根据植物的生长习性选择适合的栽培地点。把喜好全日照的植物种植在半阴处会生长不佳，把讨厌西晒的植物种在西面也会不适应。在草花中适当加入一些彩叶植物，管理起来更加轻松，叶片与花朵的搭配，也可让植栽的面貌更丰富。

分区域种植

把需要定期养护的区域和低维护的区域分开也是要点。比如从客厅看得到的地方或是前院花园要多种些草花显得华丽；花园的角落和屋子背后，可以种植管理容易的灌木和宿根植物。不是所有的地方都花团锦簇，而是区分区域制造出变化，这样可以轻松地维持花园的美丽状态。

宿根植物、一年生植物与彩叶植物的搭配组合

玫瑰、高挑的宿根毛地黄、花小却丰盈的一年生奥莱芹，与玉簪等彩叶植物组合起来，形成迷人的风景。

在日照不足的地方种植叶色美丽的宿根植物

日照不足的地方，应种植耐阴性好的灌木和半阴的宿根植物组合。加入一些斑叶品种，可以点亮空间。

在引人注目的地方种植一年生植物来扮靓

一年生植物虽然只有一年生命，但很多品种可以长期不断开放大量的花朵，演绎出华丽的风景，适合种植在引人注目的地方，或是用于组合盆栽。

可耐半阴的低维护宿根植物※ >>>>>>>>>>>>>>>>>>>>>>>>>>>>>>>>>>>>>

玉簪

耐寒性宿根植物

天门冬科
株高 20~100cm

叶片美观，品种很多，是广受欢迎的彩叶植物。耐阴，直射阳光下叶片容易焦枯，初夏开放白色或淡紫色花朵，很有魅力。

矾根

半常绿宿根植物

虎耳草科
株高 30~80cm

叶色非常丰富，有绿色、紫色、黄色、红色等，5~6 月开放的花朵也很可爱，植株大小因品种有很大不同。

黄水枝

耐寒性宿根植物

虎耳草科
株高 30~50cm

4—5 月开放白色或淡粉色的花穗，优美动人。叶片亦有观赏性。不耐高温多湿，宜种植在通风好的地方。

鬼灯檠

耐寒性宿根植物

虎耳草科
株高 50~100cm

5 枚小叶子聚集起来的样子犹如风车。6—7 月抽发花茎，开放圆锥形花序。有紫色叶片和粉色花朵的园艺品种。

落新妇

耐寒性宿根植物

虎耳草科
株高 20~80cm

5—8 月开放红色、粉色、紫色、白色等颜色的圆锥形花序。繁茂的叶片纤细优美，可群集种植在树下。

麦冬

多年生植物

百合科
株高 20~40cm

细长的叶片密集丛生，多栽种于小路边缘等。有斑叶品种，可以让阴处明亮起来。春季新叶展开前应把老叶剪掉。

山菅兰

宿根植物

百合科
株高 50~80cm

别名桔梗兰，花叶品种有的叶片上有白色条纹，有的带黄色斑纹。5—7 月开放星形的淡紫色花，花后结出蓝色果实。耐寒性稍弱。

圣诞玫瑰

多年生植物

毛茛科
株高 30~60cm

在少花的 1—4 月开花，花色丰富，有白色、淡绿色、粉色、黑色等，也有重瓣品种，很适合种在灌木下方。11—12 月剪掉老叶。

※ 可以持续生长数年，每年在固定时间开花的植物，冬季地上部分枯萎的称为"宿根植物"，不枯萎的称为"多年生植物"。

活用地被植物

地被植物主要是指一些匍匐生长或者低矮的植物，可以用于覆盖地面。在灌木和草花的下方种植地被植物，空间会更立体，也可以防止杂草滋生。

防止泥土裸露

在灌木下方或植物与植物之间土壤裸露的地方种植地被植物，可以防止杂草滋生和浇水时泥土飞溅。

种植在小路的边缘

在小路边缘种植地被植物，可以让植栽与小路有机结合，给人自然的印象，也可以让景色更加立体。

图鉴 《《《《《《《《《《《《《《 **适合作为地被的植物** 《《《《《《《《《《《《《《

金叶过路黄

多年生植物 报春花科 / 株高 5~15cm

生长迅速，鲜艳的叶色可以让低矮处明亮起来。不耐干燥，尽量避免西晒和直射阳光。

活血丹

多年生植物 唇形科 / 株高 5~10cm

枝叶匍匐生长，不断蔓延。花斑叶品种可以点亮半阴处，3—4 月开放淡紫色或紫红色小花。

野草莓

多年生植物 蔷薇科 / 株高 10~20cm

4—6 月开放白色小花，而后结出红色果实，随着生长，会在近地的茎部生出带根的小植株，也叫子株。根系较浅，应避免干燥。

野芝麻

多年生植物 唇形科 / 株高 5~20cm

有花叶、黄叶的品种，在半阴处也可生长良好，4—9 月开放小花。高温多湿的季节宜回剪。

墨西哥飞蓬

多年生植物 菊科 / 株高 20~30cm

花朵小巧富有野趣，花色会随着开放慢慢从白色变为粉红色。非常强健，易于种植，但过于茂密会导致通风不畅，在梅雨前应修剪一次。

筋骨草

多年生植物 唇形科 / 株高 5~10cm

品种很多，叶色丰富，有紫叶、花叶等。可在半阴处生长，开放的紫色和粉色花朵也很美观。

Part 3

[实践篇]
从零开始打造花园

接下来，将通过实例告诉大家从零开始 DIY 打造花园的方法。

让荒芜的花园重焕生机！

让花园有更多用途

好不容易有了院子，却因为荒芜了连脚都不想踏进去——这是T先生家的烦恼。花园里种植了大树，落叶满地，打扫起来很麻烦，就这样变得越来越荒芜。此外，花园与邻居家之间没有隔断遮挡，T先生曾想自己建造一个可以遮挡视线的栅栏，但是也失败了。

T先生具有一定的室内装修DIY经验，这次在有福先生的帮助下，从零开始改造花园，还是小学生的女儿和她的同学们也参与了这次花园改造。

历时半年才完成

在与家人商量后，T先生在10月制订了自家的花园改造计划。花园里的DIY工作都是利用下班后的时间，一点一点进行的。冬季白天短，可以利用的时间少，因此改造历时长。从10月开始改造，一直持续到第二年春季4月，终于把花园改造成了右页所示的样子。

改造前

失败的经历

希望自己造园的T先生，虽然尝试过，但是常常因为干到一半不知道怎么继续而半途而废。

用枕木做道路失败了

T先生的烦恼 一下雨，院子就变得泥泞不堪。为了方便行走，买来枕木想铺成花园小路，却无从下手。
有福老师的建议 没有整体的规划就忙着造一条路是失败的原因，要先做好花园的整体规划。

栅栏也歪了

底座不适合

T先生的烦恼 尝试制作遮挡视线的栅栏，虽然使用了水平仪，但做好的栅栏横板还是倾斜而扭曲的。
有福老师的建议 这个底座不适用于栅栏，这是木甲板的地基块。此外，地面没有整平，有高低差，土壤松软，柱子会渐渐沉降，所以会造成栅栏倾斜。不过栅栏稍微有点歪斜也没关系，种上植物后就看不出来了。

改造后

跟着有福先生学习，
DIY 让花园大变样。

53

规划方案

从倾听开始

　　T 先生心中的梦想花园是可以和家人一起欢度周末的场所，也希望能够培养女儿对园艺的兴趣。为了让花园形象更加清晰，T 先生按照 PART2（详见第 37 页）中的步骤，开始确认自己和家人的需求，让花园的功能和分区渐渐清晰起来。

让心目中的形象可视化

　　接下来测量花园的尺寸，绘制带网格的草图。T 先生在图上画上了木甲板，考虑到如果有檐廊会更方便出入，于是又加上了檐廊。在网格草图和反复交流的基础上，有福先生提出了设置带有座椅的藤架和小路的造园方案。

　　站在木甲板或檐廊上，映入眼帘的是西边的垣墙和西南角落的花境，因为日照条件较好，在这里设置带座椅的藤架，牵引上藤本月季，可以成为视线的焦点。木甲板、檐廊、带座椅的藤架之间，利用园路连接起来。

针对自己和家人的问卷调查

先给花园起个名字吧

女儿和猫咪穆丝的游乐花园

Q1 家庭成员的构成？
● 夫妻二人加女儿的三口之家。

Q2 花园的使用目的是什么？
● 和家庭成员共度周末的场所。
● 最好能够让猫咪穆丝也能在里面玩耍。
● 住宅的一楼有工作室，希望可以在工作之余到木甲板上放松休息一下。

Q3 喜欢什么风格的花园？
● 成熟怀旧风。
● 希望有像咖啡店一样温馨的木甲板。

Q4 对现在的花园比较满意的地方是？
● 从外面的道路看不到花园内部，不用在意路人的视线。
● 栽有高大的树木（樱花树、枫树、柿子树），绿意盎然，很疗愈。

Q5 对现在的花园不满意的地方是？
● 一下雨就变得很泥泞、脏乱。
● 落叶较多，不便清扫。
● 日照条件较差。

Q6 对植物有没有特别的喜好？
● 没有特别的喜好。方便打理的植物为佳，也希望能欣赏到花朵。
● 女儿喜欢月季，所以想种一两株。
● 此外，希望从住宅出来不远处可以有个迷你菜园。

Q7 花园里必备的构造物是什么？
● 木甲板、檐廊。

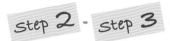

step 2 测量花园的尺寸

step 3 划分区域

T先生画的网格草图

使用网格图,有助于判断构造物的大小,更好地划分区域。在制作最终设计图的时候,以网格草图为基础,也更容易确定尺寸。

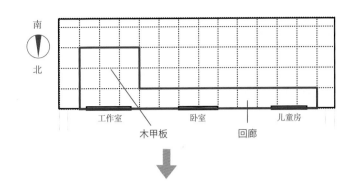

南 北

工作室 卧室 儿童房
木甲板 回廊

有福先生基于问卷调查和网格草图提出的设计方案

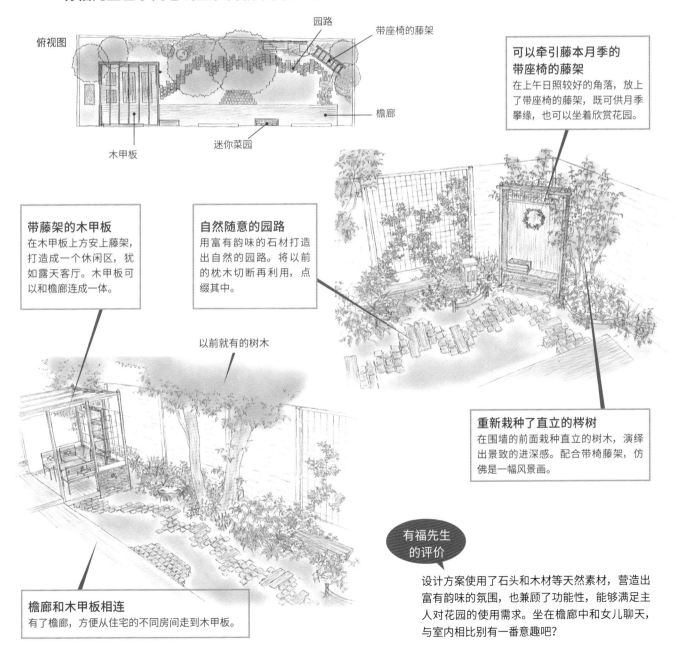

俯视图

园路
带座椅的藤架
檐廊
迷你菜园
木甲板

可以牵引藤本月季的带座椅的藤架
在上午日照较好的角落,放上了带座椅的藤架,既可供月季攀缘,也可以坐着欣赏花园。

带藤架的木甲板
在木甲板上方安上藤架,打造成一个休闲区,犹如露天客厅。木甲板可以和檐廊连成一体。

自然随意的园路
用富有韵味的石材打造出自然的园路。将以前的枕木切断再利用,点缀其中。

以前就有的树木

重新栽种了直立的桸树
在围墙的前面栽种直立的树木,演绎出景致的进深感。配合带椅藤架,仿佛是一幅风景画。

有福先生的评价

设计方案使用了石头和木材等天然素材,营造出富有韵味的氛围,也兼顾了功能性,能够满足主人对花园的使用需求。坐在檐廊中和女儿聊天,与室内相比别有一番意趣吧?

檐廊和木甲板相连
有了檐廊,方便从住宅的不同房间走到木甲板。

可以挑战的
花园DIY项目

这次，T先生向有福老师和施工专家小林笃学习，挑战 DIY 花园中的构造物。对于之前失败的栅栏，T先生也重新向二位请教了正确的做法。

A 带座椅的藤架

制作方法详见第 60~63 页　难易度 ★★

中型的 DIY 项目，初学者也可以尝试。这个藤架还可以用来垂吊盆栽以及吊篮。

B 木质栅栏

制作方法详见第 64~67 页
难易度 ★★★

木条的颜色和间隙不同，栅栏会拥有完全不同的面貌。一起来学习栅栏的基本做法吧！

C 墙面搁板

制作方法详见第 69 页
难易度 ★

在木板墙上加上搁板，搭配自己心仪的花园杂货，风格也会有所不同。

D 花园小路
施工方法详见第 70~73 页
难易度 ★★

花园里的小路可以起到划分区域
的作用。这里介绍无须使用砂浆
的施工方法，初学者也可以轻松
完成。

E

多功能檐廊
制作方法详见第 77~81 页
难易度 ★★

檐廊是可以让人放松心
情的地方，下方也可以
作为收纳的空间。

F 休闲木甲板
制作方法详见第 82~91 页　难易度 ★★★

G 铸铁台阶
做法参见第 91 页　难易度 ★

在从木甲板下到院子里的台
阶上放了一块铸铁脚垫，别
具一格。

在抬升的地面铺上防腐木，两侧用砖头砌
起一截矮墙，安装上藤架，成为犹如客厅
般的休闲区。充分利用了花园里原有的柿
子树，绿叶在夏季为这里带来了绿荫。

准备工作

整地及制作工作支架

首先，清理落叶和地面上的石块，并除去杂草，用锄头等工具将土里的瓦砾挖出。一开始就尽可能将整个花园的地面处理平整，后续的工作就会轻松很多。

给花园里已有的树木修剪疏枝，确保充足的日照，也可以避免木甲板完工后枝叶坠落造成损伤。

在需要制作两个以上构造物的情况下，建议先制作工作支架。比起在地面上进行刷漆和切割木材等工作，在高度适当的工作支架上操作，无论是工作效率还是安全性都会有极大提升。

从打扫和平整地面开始

在建造房屋的时候，可能会出现遗留建筑垃圾的情况。因此，在开始改造前，建议先适度翻挖地面并清除瓦砾。比起一边施工一边平整地面，还是一鼓作气把全部地面都平整好更有效率。

制作工作支架

有了木工工作支架，木材的涂色和切割就可以在比较容易操作的高度进行。当它作为工作台的使命结束后，还可以在上面搭一块木板作为桌子。

（使用方法）

使用2×4木材对应专用的支架会更方便。

根据自己的身高，来决定工作支架的高度。

制作两组，把木材搭在上面，涂刷或切割都变得轻松起来。

切割木材的方法

要考虑切断后木材会如何掉落，为了安全起见，应在平稳的地方进行切割。下面的图中使用的是小型的圆锯，也有更大型的圆锯。

1 用卷尺测量想要切割的长度，做好标记。

2 用直尺在标记的位置画好切割线，并再次测量以确认。

3 用圆锯导尺抵住切割线，锯掉木材。

刷漆的基本方法

推荐使用涂完后木材还能"呼吸"的户外专用油性涂料。下面介绍的是刷漆之后再进行了做旧处理的方法。经过做旧处理后的木材，更适用于复古怀旧风格。

必备物品

木材保护剂
可渗入木材内部，有防磨损、虫蛀、发霉的作用，是很适合花园 DIY 的涂料。

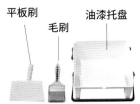
平板刷
毛刷
油漆托盘

对于表面被加工得很细腻的木材，用平板刷来刷漆效率会高很多。在需要精细刷小面积的木材时，建议使用毛刷。

涂料桶
在涂刷水性涂料时使用。

抛光粉
做旧处理时使用。抛光粉有白、黄、红等颜色，这里用的是黄色的。

水性涂料
用来进行做旧处理的涂料，这里选用了白色的。
※ 还需要抹布等。

涂刷方法

1
在工作支架上并拢放置数根木材，先从较难涂刷的窄面开始涂刷。

2
木材保护剂在使用前要充分摇晃，再用棍子搅拌均匀。

3
向油漆托盘里倒入涂料。

4
从侧面开始快速涂完所有木条。

5
不要遗漏细微处，侧面也要涂刷以起到防腐、防蛀的效果，必须将所有的面都仔细涂刷到位。

做旧处理

1
用 500mL 水勾兑 50mL 水性涂料，再加大约 100g 抛光粉，混合均匀。

2
将拌匀的涂料涂抹在涂刷过保护剂的干燥木材上。

3
在涂料完全干燥之前，用抹布轻轻擦拭。

右边是只刷了保护剂的木材，左边是用做旧涂料加工后的。相比之下做旧后更有质感。

Let's Try **A** 带座椅的藤架

顾名思义，上方藤架部分可以牵引藤本植物，下面是可供休息的座椅。T先生准备将其放置在栅栏前方。如果没有栅栏，这个藤架还可以起到遮挡视线的作用，所以设置在和邻居的交界处或者道路边也很合适。

虽然带座椅的藤架是较大型的构造物，但只要按照顺序，一个面一个面来制作，初学者也可以顺利完成，向进阶中级木工发起挑战。

制作时间 4~5 日

花园夜灯亮起后的景色。

设计图

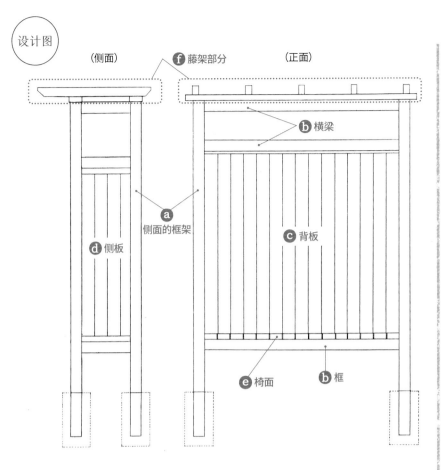

(侧面) ⓕ 藤架部分 (正面)

ⓑ 横梁

ⓐ 侧面的框架

ⓓ 侧板

ⓒ 背板

ⓔ 椅面 ⓑ 框

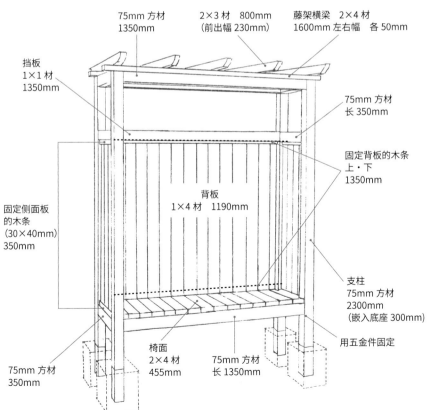

75mm 方材
1350mm

2×3 材 800mm
(前出幅 230mm)

藤架横梁 2×4 材
1600mm 左右幅 各 50mm

挡板
1×1 材
1350mm

75mm 方材
长 350mm

固定背板的木条
上·下
1350mm

固定侧面板
的木条
(30×40mm)
350mm

背板
1×4 材 1190mm

支柱
75mm 方材
2300mm
(嵌入底座 300mm)

75mm 方材
350mm

椅面
2×4 材
455mm

75mm 方材
长 1350mm

用五金件固定

需要准备的主要资材

椅面……2×4 木材 455mm×15 根
背板、侧板……1×4 木材
　　　　　　　　1190mm×24 根
框架所需方材……75mm×75mm
　　　　　　　支柱 2300mm×4 根
　　　　　　　横梁 1350mm×5 根
　　　　　　　侧面横梁 350mm×6 根
藤架横梁……2×4 木材 1600mm×2 根
藤架顶木条……2×3 木材 800mm×5 根
用于固定面板的木条……30mm×40mm
　　　　　　　背板用 1350mm×2 根
　　　　　　　侧板用 350mm×4 根
挡板……1×1 木材
　　　　1350mm×1 根
　　　　350mm×2 根

固定五金件的螺丝钉 32mm
椅面及藤架横梁用的螺丝钉 65mm
固定背板及侧板的细螺丝钉 38mm
固定框架的螺丝钉 120mm
"L"形角码 70mm
涂料、刷子、抹布 (详见第59页)
砂浆
※螺丝钉最好选择
　不锈钢材质的

"L"形角码

(需要准备的主要工具)

● 圆锯、冲击钻
● 螺丝刀、尺子、角尺
● 水平仪、木工铅笔、起钉器

(前期准备工作)

将木材按照设计图所示尺寸切割好,刷上木材保护剂并进行做旧处理。如果是在切割前就刷过漆的木材,切割后的切面也要记得刷漆。

制作侧面的框架 ⓐ

2 根柱子间的横梁要用椽子固定，打入 120mm 长的螺丝钉更牢固。

安装的时候使用工作支架，让打螺丝钉更轻松。

横梁 75mm ×75mm ×350mm

椽子 30mm ×40mm ×350mm

横梁和椽子如图所示固定，装在柱子上。

组装框架 ⓑ

在立柱子的位置挖出 350~400mm 深的洞，将洞底夯实拍平。而后将 4 根立柱插入洞内，进行框架的组装。

1 在立柱上要固定角码的位置做上标记。

2 在侧面框架的柱子上打孔并用较粗的螺丝钉固定好 "L" 形角码。

3 将椅面的方木框架用 "L" 形角码固定在立柱上。

4 背板的方木框架也用椽子固定。用同样的方法安装好上部藤架。

框架组装完成

用砂浆固定立柱

直接将 4 根立柱埋入洞里也可以固定住藤架，但是装好壁板以后容易被风吹倒，因此，在洞里用砂浆固定好立柱更为稳妥。

1 调整洞与立柱的位置。注意，洞应比立柱略大一些以便充分填充砂浆。（砂浆详见第 76 页）

2 边观察高度边慢慢填入砂浆，不要一口气填充到地面，边填充边抬起柱子调整。

3 检测水平度和垂直度，进行调整。

4

将砂浆填充到洞口，再次确认水平度和垂直度。

5

静置两天以上，等砂浆完全凝固后再进入下一项工作。

安装背板ⓒ、侧板ⓓ及椅面ⓔ的木板

立柱基部的砂浆凝固后，就可以进行背板、侧板和椅面木板的安装了。壁板使用38mm长的螺丝钉安装，椅面宜使用65mm长的螺丝钉。

1

在框架内侧安装椽子，将木板固定在椽子上。使用的是细螺丝钉，因此不需要先打孔。如果木材裂开了，可以先用电钻在壁板上钻孔再用螺丝钉固定。

2

椅面使用的木材较厚，在要打螺丝钉的位置预开孔，而后拧上螺丝钉固定椅面。为了防止下雨时积水，木板与木板之间应留出5mm的空隙，以便排水。

3

在背板内侧加固一根19mm×19mm的方形木材，以防止壁板脱落，也可以遮挡螺丝钉。

安装藤架ⓕ

藤架的檩条宜设计成前端略微倾斜，切割后用打磨机打磨使其更美观。

在便于操作的位置，组装好藤架。

用65mm长的自攻螺丝钉将藤架固定在座椅的框架上。

完成

后

Let's Try B 木质栅栏

栅栏具有划分边界的作用，也可以作为植物的背景，可以说是提高花园私密性不可缺少的一个要素。由于栅栏面积大，会给花园的风格带来很大的影响，因此，在设计阶段就应针对颜色、样式进行认真考量。

如果安装栅栏的地方后方有墙面可以作为支撑，可以直接把栅栏立起来。但如果后方没有支撑物，就要设置一个稳固的立柱作为底座。要注意，固定立柱的地方要先平整夯实好土壤，避免后期地面下沉导致栅栏倾斜，最好利用水平仪边测量边施工。

前

操作参考 3600mm 宽 2~3 天

仓库旁边要停放自行车，计划利用栅栏遮挡，也划分出与邻居家的边界。

需要准备的主要材料

立柱……75mm×75mm　2300mm×3根
（露出地面1900mm　埋入地下400mm）
横板……1×4的木材　3600mm×14根
顶板……2×6的木材　3648mm×1根
不锈钢螺丝钉　40~45mm
螺纹螺丝　65~75mm
水平线绳
水泥、河沙
油漆

不锈钢螺丝钉
不易生锈，细小，不易
损坏板材。

【需要准备的主要工具】

卷尺、角尺、木工铅笔、圆盘锯（锯立柱时使用）
夯具（参考第70页）

【提前准备】

提前按照设计图上的尺寸
切割好木材，刷上油漆。
在立柱上标记好要钉横板
的位置。

【好用的工具】

对锹
有了这个工具，
可以不费力地
挖掘深洞。

提高耐用性的几个要点

砂浆要高出地面
立柱根部容易被残留的积水侵蚀，因
此，用来固定的砂浆要高出地面，以
防雨后积水。

安装顶板
顶板能遮挡雨水，从而保护下方的木
板不受雨水侵蚀。若顶板损坏，更换
起来也较为简单。

如何决定木条间的间隔

注重安全性时，加大间隔
木条间的缝隙较大时，可以看清栅栏
外的情况，有助于防盗。

注重私密性时，缩小间隔
如果栅栏外有不想看到的风景时，可
缩小木条间的间隔，起到更好的遮挡
效果，也可以提高私密性。

固定立柱的方式

栅栏的立柱有很多种固定方式，可以根据环境、时间等自行选择。

使用砂浆固定支柱
在立柱的四周灌注砂浆以固定。

优点 操作简单，
只使用水泥、沙子和
水，价格低廉。 **缺点** 若操作不熟
练，可能导致立柱倾
斜、不垂直。

使用水泥底座
使用栅栏专用的水泥立柱底座。

优点 牢固，能很好地支撑
住立柱，且不会伤害地面。

缺点 很重，不易搬运。

使用插入式固定五金件
使用可以固定栅栏、网格的五金件，可以嵌入砖头里。

优点
仅用螺丝钉就可以固定立
柱，操作简单。

缺点
不够牢固，如果栅栏后方没有
支撑物则无法有效抵御强风。

选择设立柱的位置

在周围没有墙面可以参照的情况下，需要先确定栅栏的起始位置及平行关系。本案例中，栅栏设置在花园的边界位置。

1　从边界处开始用卷尺进行测量，并拉出一条水平线。（关于水平线的介绍详见第 71 页）

要点

由于铺设草坪的场地可能会有一定的坡度，因此无须以地面为基准，以水平线的高度为标准。

2　使用水平仪进行确认，确保线绳的水平。

3　沿着水平线，在适合的位置用对锹挖出一个可以插入立柱的洞。为了防止后期土壤下沉，应用夯具将洞底的土壤夯实。

4　将立柱放入洞内，确认立柱需要埋入地下的高度，对照水平线在木材上画线做标记。在第二根、第三根立柱的相同位置也做好标记。

5　将第二根、第三根立柱插入洞内，对洞的深度进行微调以确保立柱上的标记线与水平线重合。

用砂浆固定立柱

将立柱插入挖好的洞内，而后向洞内填充砂浆以固定立柱。（详见第 76 页）

1　向洞内填满砂浆。如果砂浆填得不够紧实的话，不好调整立柱的位置，因此要尽可能填充满。

2　用棍子戳砂浆，确保没有空隙，并调整使立柱上的标记线与水平线完全对齐。

3　砂浆应略高于地面，用抹刀将砂浆抹平即可。

植栽区打造

在栅栏前打造植栽区，设计成曲线形更符合人们的观赏习惯。诀窍在于将灌木种植在靠近栅栏的地方以凸显高度。

把打算移栽的植物带着花盆排好以规划植栽区的位置及大小。

移除植栽区的草坪，翻耕土壤并拌入底肥。

垂直固定立柱

在等待固定立柱的砂浆凝固这段时间，可能会出现受到风吹等原因而导致立柱发生偏离的情况。因此，应提前做好垂直固定。

1

贴着立柱的一端，把用于支撑的方材斜着打入地面。

2

用水平仪测量立柱的垂直情况，确定方材的位置。

3

使用螺丝钉将方材轻轻钉入立柱以固定。

4

固定好螺丝钉后，再次利用水平仪确认垂直情况。如出现偏移可进行微调。

5

将两根方材呈 90°固定，在砂浆彻底凝固之前保持原状即可。

固定横板和顶板

使用 40~45mm 长的不锈钢螺丝钉将横板固定在立柱上。顶板宜使用 65~75m 长的螺丝钉固定。

1

在横板处需要钉入螺丝钉的地方做好标记，将螺丝钉轻轻钉入木板。

2

在立柱上要安装横板的地方做好标记，自上而下将横板钉到立柱上，横板之间的间隔为 30mm。如果是一个人单独操作的话，可以自下而上开始钉装横板，这样在固定上面一块横板的时候，下面的横板可以作为支撑。

3

用 65~75m 长的螺丝钉将顶板固定在立柱的顶端。

完成

各种风格的木栅栏

栅栏的面积越大，对花园风格的影响也越大。木板的铺设方式、颜色、间距不同，栅栏的样貌也会千变万化。想要打造什么样的花园呢？好好考虑栅栏的风格吧。

纵向 VS 横向

木板横向铺设的话，看起来更为宽广，有安定感。而纵向铺设则能带来向上、有活力的印象。

棕色系 VS 亮色系

将栅栏刷成与土地、树干等一样的棕色系会给人沉稳安定的印象，而白色或深绿色等亮眼的颜色会让空间看起来更加轻盈、有活力。

自然随意 VS 个性鲜明

上图中的栅栏使用的是没有经过打磨的木板，高度参差不齐，营造出自然的氛围。而左图中的栅栏则涂刷成黑色，且木板的铺设纵横交替，个性鲜明。

Let's Try C 墙面搁板

把五金件用螺丝钉固定在栅栏上，架上搁板并固定好。

根据栅栏的颜色选择了白色的五金件（搁板角码）。

在 栅栏上增加搁板后，可以放上花盆、杂货，打造自己喜欢的空间。在只有栅栏而显得单调无趣的时候，可以通过搁板给景色带来变化与动感。

支撑搁板的五金件，可以选用古典风格的，也有很多其他风格可供选择。如果选择真正的古旧五金件，锈迹斑斑也不失为一种风格。根据栅栏的颜色选择色调和谐的搁板，打造属于自己的展示空间吧！

施工耗时 1 小时

69

Let's Try **D**

花园小路

在花园中铺设小路，便于散步和打理花园。除了确保动线合理之外，小路还可以起到分区的作用。在 T 先生家的花园中，小路就成为草坪和植被之间的分界线。

为了能与花园中原有的树木配合体现出怀旧感，T 先生选用了在欧洲铺设道路时常用的天然石材。不使用水泥砂浆的施工方法，让没有经验的 DIY 初学者也可以轻松操作，将来翻修花园时也能轻松取出石材。

施工耗时 3~4 日

【需要准备的资材】

天然石材
枕木
路基填料
沙子
用来标记的石灰粉
（*也可使用鹿沼土或
小麦粉等代替）

天然石材

路基填料

由大小各异的碎石混合而成，用于分摊铺设路石材表面的承重，防止出现下沉。

石灰粉

用于在操场上或者施工时标记白线的石灰粉。经过一段时间或下雨后石灰粉会渐渐消失。

【需要准备的主要工具】

铲子、卷尺、水平仪、水平线绳、夯具、橡皮锤、刷子
【枕木切割所需】圆锯、角尺

自制夯具的方法

利用多余的边角料木材就能简单制作出一个夯具。这次使用的分别是 90mm×90mm 的方材（长度约70cm）和 45mm×45mm 的方材（长度约 80cm）。在两侧分 3 处使用钉子进行固定。根据使用者的身高调整为合适的高度即可。

高度：
约 120 cm

决定小路的位置

先将石材按预想的走向排列在地面上。接着尽可能从较高处，如房屋的2楼，确认整体的视觉效果，这样便于对小路的位置和弧度进行调整。

这是排列好石材后从二楼俯瞰的样子。观察小路的弧度是否自然，确保整体观感的平衡性。事先给枕木留好置入的空间。

向底部被切开的饮料瓶中倒入石灰粉。

沿着小路的两侧撒下石灰粉用于标记。

这是画完线后的样子。

将石材搬到石灰线外侧。

希望效果更好的话，可以使用水平线来确保水平

虽然小路有些不平整也无妨，但最好在起点和终点上拉起水平线，利用地势打造自然的坡度。

水平线的拉法

水平线是用来确认水平的线，是在砌墙、做木工等施工过程中不可或缺的工具。在调整过程中有时会需要解开水平线，因此要学会一种容易解开又不易松动的打结方法。

水平线一般采用比较结实的线材，在泥土上也很显眼的荧光色系是首选。

水平线的打结方法

在手指上摆出一个环。

在下方再摆出一个环。

将后摆出的环放在上面，使两个环重叠在一起。

把两个环套在木棍或钢筋上。

拉紧两端，系紧即可。

水平线的拉法

在木棍或者钢筋上按想要的高度系上水平线，下方用木材抵住。

在另一端也系上水平线，以木材作为基准确定高度，用水平仪检查确认。

71

打好路基

在铺上石材前要先打好路基，以免随着时间流逝，铺设的石材下沉导致路面变得凸凹不平。

1 在石灰线内用铁锹挖土，挖掘深度为石材厚度 - 预设高出地面的高度 + 路基填料厚度（50mm）+ 沙子厚度（30mm）。

本案例中，石材厚度是160mm，预设高出地面30mm，因此要挖掘210mm的深度。

3 把路基填料均匀地铺在地面上。

4 用自制夯具夯实，以免后期土壤下沉。

5 以石材高出地面30mm为标准，确认填充高度。

6 填充沙子，调整高度及不平整处。

铺设石材

案例中采用的是不用砂浆固定的铺设方法，适用于有一定厚度的石材和砖头，不适用于薄石板和地砖。

1 用锤子的柄作为工具统一石材的间距。

2 在石材下方填入沙子，使石材比最终高出地面的高度略高一些。

3 用橡胶锤轻轻敲击石材，微调高度。

4 扫去多余的沙子以免溢出。

5 将石材调整至统一高度。

6 将挖出的土用铁锹或铲子铲回去，填充小路外侧及石材的间隙。

7

在石材之间填土，石材就不会晃动了。

8

用橡胶锤的手柄夯实缝隙间的土。

9

将石材表面的土壤用刷子刷干净。

铺设枕木

花园里原来的枕木，现在用来作为亮点镶嵌在小路上，铺设方法和石头一样。在切割枕木的时候要注意里面是否有金属，以免受伤。

1

使用圆锯或链锯，把枕木切割成想要的长度。

2

和铺设石材一样，以铺好后枕木高出地面30mm为标准来挖土，填入路基填料，夯实，检查高度。

3

在路基填料上方铺沙子，放入枕木，调整高度。

4

在枕木周围填充土壤，敲击夯实。

完成

各式各样的小路

从花园入口到住宅的小路以及花园外侧的小路，是决定花园风格和印象的重要因素。资材的种类、颜色、铺设方法不同，给人的印象也会完全不同。

下面是一些开放花园中的小路案例，一起来看看吧！

直线的小路

直线或曲线

笔直的小路给人现代、简约的印象，而蜿蜒的小路则强调了纵深感，让花园看起来更开阔，前方若隐若现也可以增添神秘感。

蜿蜒的小路

单种资材或多种资材组合

铺设花园小路，可以用单种资材，也可以用多种资材组合。单种资材也有许多不同的铺设方法。一般来说，单种资材会显得简洁，而多种资材组合则可以带来变化，更加有趣。

单种资材

小方石

不规则石材

立体的小方石块，如欧洲常见的石板路一样呈放射状铺设，很有魅力。

随意切割的石材形状、大小不一，铺设成小路显得既雅致又自然。

多种资材组合

枕木×砂石

枕木×砖头

枕木与砂石的对比鲜明，令人印象深刻。砂石除了可以防范杂草滋生，踩上去的声音也可以起到提示有客来访的作用。

用枕木与砖头铺成的小路朴素而自然，间隙里种植了地被植物，营造出随性的氛围。

方石块×红砖×碎石

通往住宅等具有一定宽度的小路，可以利用多种资材来组合铺设，感受搭配的乐趣。

纵向排列或横向排列

同样的资材纵向排列和横向排列，观感也会完全不同，一般来说纵向排列有纵深感，横向排列则有韵律感，根据庭院的大小和设计来选择铺设方法吧。

红砖 除了常规尺寸以外，还可以根据需要切割成不同大小，铺设方法多种多样。

枕木 纵向铺设时，很难调整角度，比较适合宽阔的庭院。横向铺设时最好用较短的枕木。切割枕木很困难，要注意安全。现在，市面上有仿枕木的水泥制品出售，有各种尺寸可供选择。

用创意铺设来展现个性

自由地选择铺设材料和方法，可以充分地发挥创意，展现个性。除了小路，迷你露台也可以试试看。赶快来试试看！

各种不同的砖头

颜色、尺寸不同的砖头组合在一起，形成独具特色的地面。

如绘画一般自由

利用砂浆将砖头、鹅卵石、瓷砖等组合铺设，就像绘画一样自由创作。可以设置在小路中间作为装饰，十分有趣。

将水泥装饰品作为亮点

在不规则的石材中镶嵌一个水泥装饰品，成为小路的亮点。

自攻螺丝的种类与打法

将木材固定在一起时，自攻螺丝是不可或缺的。因为螺纹可以咬紧木材，所以比普通的钉子接合力更强。拧打螺丝时，使用电动螺丝刀或电钻可以提高效率。

在花园 DIY 中，建议选用不锈钢制自攻螺丝以防生锈。经常使用的是粗牙螺纹螺丝。建议常备一些不同粗细、长度的螺丝钉。

粗牙螺纹螺丝

与一般的自攻螺丝相比，其螺纹的螺距更大，可以迅速、牢固地咬紧木材。有部分无螺纹的半钉状螺丝与全身皆有螺纹两种。

尺寸示例 (mm)

直径	长度	直径	长度
3.8 × 25		3.8 × 57	
3.8 × 38		4.2 × 65	
3.8 × 51		4.8 × 75	

细轴粗牙螺纹螺丝

顾名思义，即较细的粗牙螺纹螺丝。常用于连接细椽木或花园小物件等。

普通的粗牙螺纹螺丝 →
← 细轴粗牙螺纹螺丝

尺寸示例 (mm)

直径	长度	直径	长度
3.3 × 25		3.3 × 50	
3.3 × 30		3.8 × 55	
3.3 × 45		3.8 × 65	

特殊的自攻螺丝

墙板专用螺丝

细长，常用于将墙板固定到柱子上。适用于对螺丝钉长度有要求的地方。

木甲板专用自攻螺丝

适用于质地较硬的木材或厚木材等负荷较大的情况。螺丝头不易损坏，可以稳固地打入木材中。沉头螺丝是主流型号。

自攻螺丝的打法

最常见的是垂直打入连接处。常用方法无法钉入时，试着变一变方向角度吧。

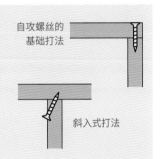

自攻螺丝的基础打法

斜入式打法

砂浆与混凝土的区别

砂浆和混凝土都是以水泥为原料。砂浆是水泥、沙子加水混合而成的，而混凝土则是水泥、沙子、砾石加水混合而成。砂浆与混凝土最大区别在于强度不同。混凝土的强度更高，所以常用于建筑物、停车场等需要使用高强度材料的地方。而砂浆则可用于局部细节的施工，如垒砌空心砖、填补砖缝或用于修整混凝土表面，使之更加平滑。

所需物品

塑料容器

搅拌锹

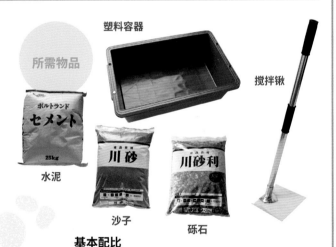

水泥

沙子

砾石

基本配比

	水泥	沙子	砾石
混凝土	1	3	6
砂浆	1	3	不要
填缝砂浆	1	2	不要

由于沙子的含水量不同，此配比仅供参考。分次加水搅拌混合至自己所需的黏稠度即可。

砂浆、混凝土的制作方法

将干燥状态下的水泥和沙子均匀混合。

加水搅拌均匀后，得到的就是砂浆。

加入砾石，再混合均匀，搅拌完成后就是混凝土了。

Let's Try E 多功能檐廊

本案例中，采用的是檐廊和木甲板连接在一起的设计。T家住宅的一楼有三个房间，不论哪个房间都可以和檐廊相通，并直达木甲板。为了从住宅一出来就能采摘香草，主人在檐廊设计了一个迷你菜园。

T家的住宅周边有一圈混凝土地面，便在此基础上设计了檐廊。檐廊是直线构造，对于初学者来说也不难，但由于需要使用长木材，应提前规划好木材的搬运方法及搬运路线。

施工耗时 5~7 天

檐廊的一角设置了迷你菜园。

木甲板和檐廊相连。

准
备
工
作

❶ 绘制设计图

确定檐廊的尺寸后，计算出不同尺寸的木材使用量。以厚度 38mm，长度 1.8m(6 英尺)、3.0m(10 英尺)、3.6m(12 英尺) 的方木作为基准用料的话，可以减少木材的浪费。

❷ 准备地板、龙骨、支柱、侧板的木材

根据设计图，计算出需要的木材用量。檐廊所需的木材为地板、龙骨、支柱、侧板这四种。木材也要提前进行刷漆处理。

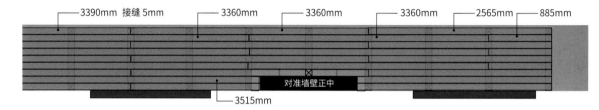

地板
2×4 规格
的方木

龙骨
90mm方材

支柱
90mm方材

完工高度
295mm

用支柱撑起龙骨，并在龙骨上铺设地板。支柱的高度可以从地板的完工高度倒推出来。本案例中，完工高度为 295mm，减去地板厚度 40mm 和龙骨厚度 90mm，因此，支柱的高度是 165mm。

地板尺寸图

| 3390mm 接缝 5mm | 3360mm | 3360mm | 3360mm | 2565mm | 885mm |

3515mm

对准墙壁正中

支柱、龙骨尺寸图

20mm　1×6 规格的侧板　70cm 宽的空心砖

边距 750mm
轴距 840mm
820mm
对准墙壁正中

根据 9 根 2×4 规格的方木的宽度及 5mm 接缝来计算，可算出龙骨长度约 840mm。

[需要准备的材料]

地板所需木材　2×4 规格的方木 (长 3.6m)
龙骨、支柱所需木材　90mm×90mm
侧板所需木材　1×6 规格的板材 (长 3.6m)
铝质 "L" 形角码
自攻螺丝
膨胀螺丝
特型螺丝 135mm
用自攻螺丝 65mm
混凝土空心砖 390mm×190mm×70mm
锚筋 (直径 10mm) 450mm
生石灰、河沙

铝制 "L" 形角码

混凝土用膨胀螺丝

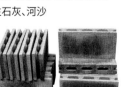

混凝土空心砖 (宽 70cm)　　特型螺丝

木甲板用自攻螺丝

锚筋

[需要准备的工具]

卷尺、角尺、木工铅笔、电圆锯、手锯、水平尺、冲击钻、不同功能的钻头、扁凿、橡胶锤、抹泥刀、勾缝刀

不同功能的钻头

抹泥刀

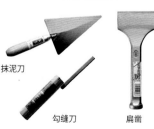

勾缝刀　　扁凿

[实用便利的工具]

墨斗

内有墨水，将线拉出弹一下即可在木材上画出直线的工具，可同时在数根木材上画线。下图为利用墨斗同时在几根龙骨上做标记。

2×4 规格的方木专用标尺

完全契合 2×4 规格方木尺寸的标尺。可以很方便地画出直角、对角线、横截面和侧面的中心点、中心线等。

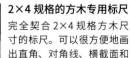

搭建
种植区

种植区的位置需考虑支柱、龙骨的关系来决定。根据檐廊完成后的高度，对使用的砖块进行切割。

1 在种植区的预设位置放上空心砖，确定打锚筋的位置，用铅笔做好标记。

2 锚筋需从砖孔正中打入的，所以在此处做上标记。

3 用冲击钻在做标记的地方钻孔。

4 将锚头插入孔洞后锤击锚筋上方，使锚头张开将其牢牢固定在地面。

要点

在塑料桶的桶壁将砂浆搓成条状。

5

6 按照标记，在摆放砖块的位置放上砂浆。

7 将砖块放在砂浆上，用橡胶锤轻锤，确保高度一致。

8 确认高度的同时，也要注意侧面是否排列整齐。

9 锚筋与砖孔连接处的空隙用砂浆填充固定。

10 上面一层也用同样的方法砌好。由于从外面看不到，因此不用进行美缝处理，填缝后用勾缝刀挖出排水孔即可。

完成

空心砖切割法

1 在砖块的标记处画出切割线。

2 将扁凿垂直放置于切割线上，用锤子轻轻锤击，慢慢移动。

3 重复几次即可切断。

搭建支柱
与龙骨

搭建木地板的支架部分。预先在龙骨上标记木地板的安装位置，使用墨斗做标记更方便。（详见第 78 页）

1

选定开始位置，标记出龙骨的位置。尽可能使用较长的卷尺，一边计算间隔距离，一边标记出每根龙骨的位置。

2

如图一样做标记，就能精确定位龙骨的位置了。

3

确认完工高度减去（支柱＋龙骨）的高度是否为 40mm。

4

在龙骨上钻孔，用 135mm 长的特型螺丝固定。

5

仅使用 1 枚螺丝的话可能会不够牢固，因此再从侧面斜着打入 1 枚 65mm 长的自攻螺丝。

6

在拧打螺丝时，将龙骨的另一端用木材垫起支撑以免移位。

7

将固定连接好的支柱和龙骨在预设的位置上排好。

8

用"L"形角码和膨胀螺丝将支柱固定在混凝土地面。标记出角码的开孔位置，用混凝土专用钻头钻孔。

9

清理干净孔里的粉尘，插入膨胀管。

10

放好角码，打入螺杆固定。

11

用自攻螺丝将角码固定在支柱上。

铺设木地板

使檐廊不易积水的诀窍是铺设时留出缝隙，本案例中预留了5mm的接缝。若铺设时接缝过于紧密，可使用撬棍等工具来调整距离。（详见第86页）

1 为了使缝隙不重叠，地板需一长一短交错来铺。

2 与建筑物相接处，先提前测量好尺寸，将木材切割好。

3 在要固定螺丝钉的地方预先打好螺孔和沉头孔。

4 可以购买能同时钻出螺栓孔和沉头孔的钻头。

5 确认好位置，用65mm长的木甲板自攻螺丝将地板固定在龙骨上。

6 一根龙骨上要架两块木材，所以事先画出中心线会比较方便。

7 最外侧地板由于铺到了支柱以外，因此螺丝的位置与其他处不同。

8 地板铺设完成的样子。

9 为了看起来更美观，装上1×6规格的侧板来遮住下方。

10 为了留出收纳空间，将部分侧板做成上下开合式。准备一块切割好的1×6规格的木材做门。

11 用铰链连接木条和侧板就可以开合了，再将已切成细条状的1×6规格的板材固定在龙骨上。

完成

Let's Try F 休闲木甲板

在 木甲板的周围砌上低矮的砖墙，竖起立柱，打造出一座凉亭，木甲板便成了一片休闲区。在立柱间嵌入了镀锌的格栏，更增添了空间的私密感（格栏是有福老师的原创作品）。

　　不过砌砖墙和竖立柱都有些技术含量，也比较费工夫。初学者可以先完成地板部分，提升了 DIY 的信心后，再挑战下一个阶段吧。

预计工期

12~20 日

仅铺设地板的话 5~8 天

享受在格栏上牵引藤月、悬挂盆栽的乐趣。内侧的架子可以放置小摆件。

准备工作

❶ 绘制设计图

绘制设计图，计算需要的木材量。本案例中，地板的长度为2700mm，在它的外侧砌上砖墙。预先标记好龙骨和垫石的位置。

❷ 准备材料

准备地板、龙骨、支柱（详见第78页）等木材，涂上油性漆后进行做旧加工。计算需要的砖块数量，考虑到损耗，应多准备一些。

地板尺寸图

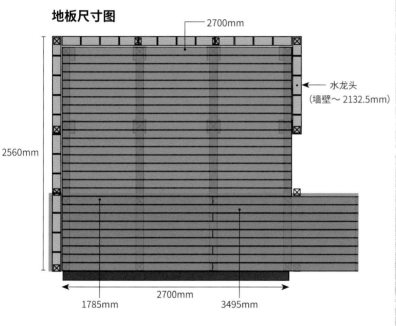

- 2700mm
- 水龙头（墙壁～2132.5mm）
- 2560mm
- 1785mm
- 2700mm
- 3495mm

支柱、龙骨尺寸图

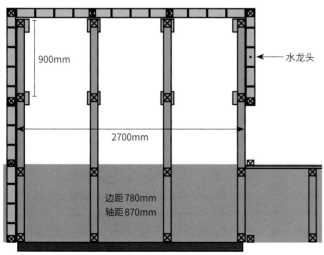

- 900mm
- 水龙头
- 2700mm
- 边距780mm
- 轴距870mm
- 门廊至地板高度约295mm

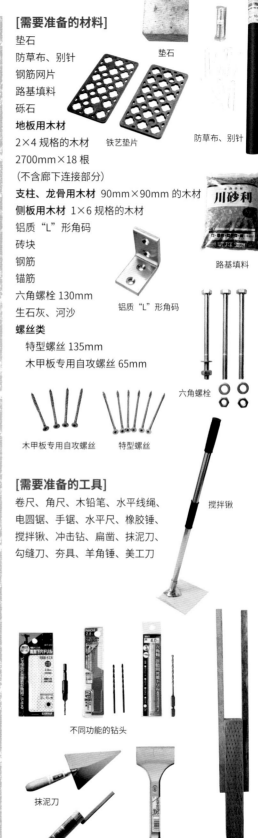

[需要准备的材料]

垫石
防草布、别针
钢筋网片
路基填料
砾石

地板用木材
2×4 规格的木材
2700mm×18 根
（不含廊下连接部分）

支柱、龙骨用木材 90mm×90mm 的木材
侧板用木材 1×6 规格的木材
铝质"L"形角码
砖块
钢筋
锚筋
六角螺栓 130mm
生石灰、河沙

螺丝类
　　特型螺丝 135mm
　　木甲板专用自攻螺丝 65mm

垫石

防草布、别针

路基填料

铝质"L"形角码

木甲板专用自攻螺丝　　特型螺丝

六角螺栓

[需要准备的工具]

卷尺、角尺、木铅笔、水平线绳、电圆锯、手锯、水平尺、橡胶锤、搅拌锹、冲击钻、扁凿、抹泥刀、勾缝刀、夯具、羊角锤、美工刀

搅拌锹

不同功能的钻头

抹泥刀

美缝抹泥刀　　扁凿　　夯具

找平

专业人员会使用水准仪等道具来找平，不过这里要介绍的是不用昂贵工具也可使用的 DIY 找平方法。需要准备的东西有水平尺、水平线、固定水平线的小木桩、长木条。

为了使水平线垂直于建筑物，用长木条做一个大直角三角形。上图中为短边 1.5m、长边 2m、斜边 2.5m 的木条，这是利用勾股定理（3:4:5）制作直角的简单方法。

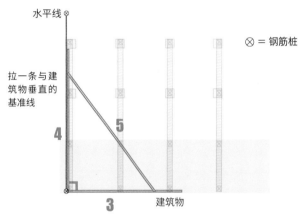

1 确定木甲板的边界。沿着与建筑物垂直的木条两头各打入一根钢筋，在钢筋上拉一条水平线。水平线要稍高于预设的基石高度。

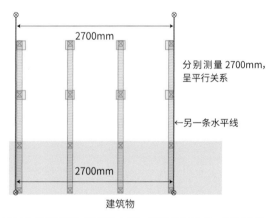

2 从水平线（和建筑物垂直的木条）的两端取两点，垂直测量 2700mm 到对面。利用这两点在木条的对面拉一条与水平线平行的线。

3 从建筑物取两点，沿着与水平线平行的方向分别测量 2560mm 的长度，据此拉一条与建筑物平行的水平线以确定木甲板的宽度。水平线的长度最好比预计木甲板的尺寸稍长一些。注意，相互交叉的水平线之间呈垂直关系。

4 根据垫石的高度来确定钢筋高度，敲击钢筋将水平线调整至预设的垫石高度。一边观察水平尺一边敲击另一端的钢筋直到线绳处于水平位置。将所有水平线均调整至预设的垫石高度。

5 确认是否水平。

搭建基础

在地面上安置垫石作为木甲板支柱的基座。3条水平线的高度、垫石的安设高度应保持一致。

木甲板铺设后，下方无法除草，因此先铺设一层防草布。

根据设计图，摆放好垫石的位置。

为了便于调整垫石的高度，将垫石下方的防草布切割移除。

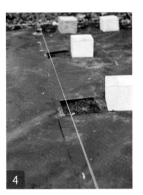

在安置垫石的位置拉一条水平线，根据水平线的高度调整垫石的高度。

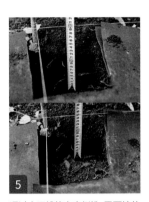

通过水平线的高度倒推，需要挖的坑深度为垫石的厚度-（50mm 路基填料 +50mm 砂浆）。

在坑底填充路基填料，用夯具夯实。

加入用来调整高度的砂浆。注意速度要快，以免砂浆因变硬而无法调整。

放入垫石，根据水平线用橡皮锤敲击以调整高度，并确保水平。

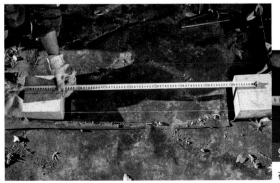

在垫石正中标记好支柱的位置。

垫石安设完成后，在防草布上铺上砾石。注意，砂浆完全干燥前不能承重，待砂浆干燥硬化后再进行后续工作。

铺设龙骨、地板

垫石安设完成后的施工方法与要点和檐廊大体相同。具体操作请参考檐廊的施工。（详见第78页）

制作龙骨下方的支柱，用木甲板的最终高度减去地板及龙骨的厚度，即可得出支柱高度。 **1**

2 按照地板的铺设方式和角度架设龙骨。

3 使用垫片可以很方便地填补支柱与垫石之间的缝隙，也可避免支柱腐烂。

4 如果先铺设两端的地板，打入两颗自攻螺丝可以防止龙骨移位。

5 地板的切割决定了完成的精度，因此按照尺寸精准切割很重要。

6 按照标记铺设地板。

7 木材由于热胀冷缩也存在轻微弯曲的情况，因此一边铺设一边需用小工具调整接缝大小。

地板铺设完成

只打算铺设木甲板的话再钉上侧板就算完成了

不搭建砖墙和立柱的话，沿着木甲板四周装上一圈1×6规格的侧板来遮挡就完成了。（详见第81页）

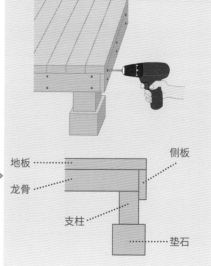

地板
龙骨
侧板
支柱
垫石

浇筑砖墙的地基

首先在准备砌墙的位置，挖一条筑地基用的坑道，而后在其上搭建钢筋框架，不过若是像本案例中的低矮砖墙或是直接在混凝土上搭建的话，也可使用锚筋。

从预计的完工高度倒推，扣去砖头及接缝的高度，以最下层砖块被掩埋一半作为地基的顶端，以此来决定坑道的深度。

搭建好用于浇筑混凝土的模板（立在模板内侧的是连接水龙头的水管。水管施工建议交给专业的水电工）。

用卷尺测量，确保模板高度与地基的完工高度保持一致。

在模板里铺上路基填料。

用夯具夯实路基填料。

在地基里将钢筋交叉点绑扎起来。本案例中使用的是直径 10mm 的钢筋。

将水泥与沙子充分混合，再加水搅拌均匀。

加入砾石，再次搅拌均匀，制成混凝土。

将混凝土浇筑入模板中。

及时洗净用于搅拌、填充作业的工具。

用抹泥刀将混凝土抹平至与模板同高。

待混凝土完全凝固（2~3 天）后，将模板取下。

砌砖

在凝固的混凝土上打入锚筋后开始砌砖。砌砖的方法及要领与第 79 页中大致相同。

将砖块在预设位置上放好。

在打入锚筋的位置做标记。本案例中使用的是直径 60mm 的锚筋，这是根据砖墙高度测算出所需的强度而决定的。

用冲击钻在标记点开孔，打入锚筋。

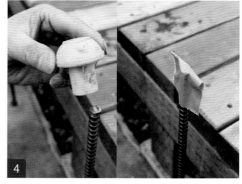

暴露在外的钢筋具有一定危险性，因此应套上保护套。没有保护套的话，也可用醒目的胶带等物包住顶端。

在标记点打好锚筋的样子。

用抹泥刀在砖块位置放上砂浆。

先砌边角处的砖块。

用橡胶锤轻锤砖块，调整高度。

检查砖块的高度及前后、左右是否已对齐。

用抹泥刀在打锚筋的砖孔内填入砂浆。

拐角处砌好部分砖块的样子。

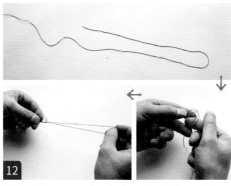
12 将水平线如图所示绕圈打成活结，使其可以挂在砖块上。

13 将水平线挂在拐角处拉直后，使其位于砖块上方。这根水平线在砌第二层、第三层砖块时也可拉到上方使用。

14 以水平线的高度为标准砌好砖块。接缝间距可借用勾缝刀的宽度来定。

15 一边砌，一边检查是否水平。

16 在砖块之间的缝隙填入砂浆。

17 用勾缝刀仔细填充缝隙。

18 第一层完工了。

19 不同层的砖块应相互错缝堆砌而成。一定要拉水平线以保持水平。

20 一下子砌很高的话，下层砖缝的砂浆还未干燥，会因重量而变形，发生高度变化，因此一天最多砌3~4层。

21 熟练之后，还可像专业人士一样直接将填补砖缝的砂浆涂在砖块横截面。将砂浆抹在砖块横截面，用抹泥刀抹成中间稍高一些的造型后，再垒砌上去，最后用抹泥刀柄叩击砖块，砂浆便可填满砖缝。

将水管从砖孔里穿出。水龙头的安装可请水电工来完成。

搭建
凉亭框架

在砖墙上竖起立柱，搭建起凉亭的框架。若将上层木架固定在房屋墙体一侧的梁柱上，凉亭结构会更加牢固。

在砖块上每隔 90mm 插入一根六角螺栓，用砂浆填充固定好。

将木材横置于砖墙上，标记出螺栓的位置。

一定要精确测量并准确标记出螺栓的位置，才能保证后续工作的顺利进行。

首先，在木材上用拧紧螺母的套筒钻头打一个孔。

接下来，打一个可以让螺栓的螺丝钉部分穿过的孔。

钻好沉头孔的样子。

将木材放在砖墙上，插入螺丝钉，放入垫圈后，用套筒钻头拧上螺母。

套筒钻头
拧螺母时使用

沉头钻头
可以钻出大直径的孔

用户外防水涂料进行木材的防水处理。

用不锈钢角码将立柱牢牢固定好。

依次搭建好框架。

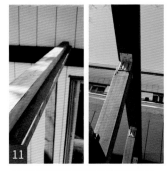

上方的框架也用不锈钢角码固定好。

安装上镀锌金属格栏。下面用木条从正面和背面固定住。

在立柱上安装导轨。

制作户外水槽

本案例中，在木甲板的砖墙边安装了水龙头，因此要在其下方安装一个接水的水槽。为了节省空间，使用了镀锡铁桶作为水槽。

1 在桶底开孔，用于安装排水口。

2 装上排水口，并在背面安上连接排水管道的接头。

3 接好的排水管（在管子上钻些排水孔）。

[需要准备的材料]
镀锡铁桶、排水口、排水管

用它在桶底开孔很方便

左边是金刚石钻头，右边是宝塔钻头，搭配冲击钻使用。

4 挖一个放置水管的洞。使用对锹挖很方便。

5 将排水管插入洞中，四周填入易排水的砾石固定。

6 将铁桶与排水管接好。

完成

在铁桶底部铺上鹅卵石或各色漂亮的石头。

制作台阶

用买来的铸铁脚垫制作台阶，与众不同的设计使其成为花园中的亮点。

根据铸铁脚垫的大小搭建填充混凝土的模板。在底部铺上路基填料，并用夯具夯实。

浇筑混凝土，凝固后拆掉模板。

完成

完成

适度种植

种植协助　若松则子

重点打造醒目处

T先生一家平时可以用来打理花园的时间不多，因此不宜种植太多植物。重点打造从檐廊和木甲板可以观赏到的区域，剩下的区域则尽量栽种只需低维护的植物。如果开花植物较多，去除残花就会比较费工夫，所以只需在醒目的地方种上开花植物。即使没有很多花，运用好彩叶植物的话，景色也可以绚丽动人。

为了低维护，在门前小路的内侧铺上日本结缕草草坪。即使草长高一些，也能以欣赏自然野趣为乐，无须频繁除草。

在半阴处种植灌木和彩叶植物

T先生的花园里原来就有大树，因此有些区域光照不足。在这些地方种上适合半日照条件的灌木和彩叶植物。

有些植物会因不适应环境而枯萎死亡，但一定程度的优胜劣汰也是必经过程。放轻松些，适者生存，这是让花园长久持续下去的诀窍。

光照好的地方

栽种时，要有意识地考虑到该区域是否显眼以及光照条件如何。上午的阳光直射在藤架四周，这里的光照条件很好。喜光的藤本月季、灌木月季等栽种在这里也可以生长得很好。

种植在丛生青栎根部的是月季'博斯科贝尔'。左下的穗状花是毛地黄。

半阴处

大树下、栅栏边等往往会日照不足的地方，可以种上适合半阴的彩叶植物及蕨类植物。提亮暗处的诀窍是种上白花植物及斑叶植物。

左边从里到外分别是山绣球、蓝花鼠尾草、一串红。右边靠里的是鬼灯檠，在它前面的是玉簪'寒河江'，最前方的是日本蹄盖蕨。

有意展示的区域

从檐廊往木甲板看去，首先映入眼帘的是水龙头一带。这里光照充足，适合搭配种植一些开花植物和彩叶植物。

以月季'博斯科贝尔'为中心，种有毛地黄、蓝花鼠尾草、玛格丽特菊'切尔西女孩'等。彩叶植物有矶根、玉簪'寒河江'、紫花野芝麻'灯塔银'等。

大树根部以栎叶绣球为中心，种着山绣球、玉簪、落新妇等。

低维护区域

在花园的角落等不容易被看见的地方，可栽种不太需要打理的植物。种上灌木可以提升空间的层次感，打理起来也不费事。

沿着栅栏的狭长区域里，以无毛风箱果'小恶魔'为中心，种有绣球花、矶根、绵毛水苏等。

展示区的打造要点

为了将这里打造成迷人的园中一景，让构造物和植物能够相互映衬，植物的选择和栽种方式很关键。下面介绍几种具体的栽植方式。

要点 **1**
藤本月季与灯光营造出光影效果和立体感

　　藤本月季能为立体空间增色不少，适合种在引人注目的地方。若选择枝条繁多的品种，还能牵引到多个构造物上。此处是将月季'艾伯丁'牵引到藤架和栅栏上。小花月季'瑞伯特'也被牵引到了栅栏上。白色栅栏反射出的光影效果很棒。

易于种植的藤本月季

牵引的两种月季都是抗病性很好的强健品种。花型不同的同色系月季搭配组合起来显得很雅致。

月季'艾伯丁'。

月季'瑞伯特'。

开穗状花的植物

穗状花强调了纵向线条，让月季下方看起来华丽夺目。选择冷色调的花朵，能和月季相映成趣。

毛地黄'金丝雀'。

毛地黄和大花飞燕草。

珍珠菜。

藤本月季的定植和牵引

藤本月季的定植和牵引适合在月季的休眠期——冬季进行，比在萌芽期进行更易成活。操作时戴上皮质手套以免手被尖刺扎伤。

1 挖一个坑。尺寸为直径 50cm× 深 50cm。

2 放入堆肥和底肥。根据土质情况决定肥量，推荐堆肥用量为 2L。

3 将堆肥、底肥和土充分拌匀。

4 将苗连盆一起放入坑中，查看深度，调整高度。

5 将苗脱盆放入坑中，填土固定。

6 将土填至与地面平齐时，在周围做一圈甜甜圈状的垄沟，向内浇大量水。

7 横拉枝条，将其牵引到支架上固定好。

长枝苗
枝条在 1m 以上的藤本月季幼苗，可以马上牵引到支架上。

[定植需要的肥料]

堆肥
有机物经过微生物完全分解后得到的肥料，可以让土壤肥沃疏松。

底肥
均衡配比了定植时月季所需养分，肥效持续的肥料。

牵引完成

金叶藿香。

矾根'莓果冰沙'。

金丝薹草。

要点 **2**
彩叶植物的搭配

　　将不同叶型、叶色的彩叶植物搭配组合起来，比只种开花植物显得更雅致成熟。彩叶植物能够创造阴影效果，让景色更有层次，且养护较简单。

月季'博斯科贝尔'与紫叶、金叶等数种彩叶植物搭配组合，令人印象深刻。

花瓣具有光泽感的蝴蝶花毛茛和存在感强的紫松果菊、紫叶的矾根、银叶的绵毛水苏搭配在一起，十分美观。

玉簪'寒河江'。

绵毛水苏。

矾根'莓果冰沙'。

要点 3
利用树木演绎景深和季节感

　　落叶树可以呈现出季节感，和凉亭组合搭配，营造出幽静的景深效果。如果在大乔木下方种上灌木，树干下方就不显单调，使景致更加立体。

在木甲板上安装了横杆和窄搁板，利用悬挂、陈列的方式来装饰。

青栿下方种着低矮的木绣球'安娜贝拉'。'安娜贝拉'的绿色花朵与青栿的叶片相互映衬。

要点 4
利用 DIY 构造物来装饰

　　可以利用花园中的 DIY 构造物来牵引攀缘植物或悬挂上盆栽、杂货来装饰。和种在地面上的植物不同，悬挂的植物更便于观赏，可成为引人注目的焦点。

盾叶天竺葵。

铁线莲'约瑟芬'。

打造充满魅力的低维护及半日照区域

低维护区和半日照区的植物，大多由灌木和耐半阴的宿根植物构成。有的灌木种类虽然在日照不足时会有花量变少的情况，但叶片能让空间显得充盈丰满。

木绣球'安娜贝拉'。

要点 1

选择强健的灌木

灌木有一定的高度和体积，不仅可以增加空间的层次感，打理起来也不费事。

如果种上在半日照环境中也可开花的灌木，便不会单调，享受应季的乐趣。

山绣球。

斑叶山绣球。

栎叶绣球。

五星花。

喷雪花。

香桃木。

要点 2

选择耐半阴的宿根植物

原生于林下及不耐晒的宿根植物，在半日照环境中能够生长良好。选择斑叶品种或是开白花的植物，可以提升景色的亮度。

百子莲。

落新妇。

鬼灯檠。

玉簪。

日本蹄盖蕨‘银落’。

大戟‘银天’。

要点 3
用彩叶植物覆盖地面

在适宜的环境条件下可以慢慢向外扩张生长的低矮彩叶植物，既丰富了花园的层次，打理起来也不费事。打造优美景观的关键在于组合种植叶色不同的品种。

金叶悬钩子‘阳光’。

紫花野芝麻‘纯银’。

铺设草坪

草皮一般是切割成长方形按捆售卖的。这里选择的是叶片较粗壮、耐寒性好的日本结缕草。3月末栽种时还是枯黄的状态。

1 翻耕铺设场地，尽量将地面整平，凹陷处用土填平。

2 将草皮整齐排列。

3 遮住路面的部分用剪刀剪去。

草坪专用覆土
可以调整土质，保护新芽，防止根部干燥。

4 剪下的草皮可以用来填补间隙。

5 撒上一层薄薄的草坪专用覆土。

6 用抹刀等将土均匀抹开后，充分浇水。

2个月后

Part 4

[实例篇]
可作为范本的
DIY花园

接下来将介绍一些享受 DIY 造园乐趣的园主打造的范本花园，包含了空间的营造方式、植物和 DIY 构造物的搭配方法等，相信这些花园一定能为你带来灵感和参考。

不追求完美
永享DIY的乐趣

安装在背板上的挂钩的木制部分被
刷成了蓝色。

在较大的拱门上部牵引了'龙沙宝石'。中
庭的地面铺装也值得注意。

设置在与邻家院子的交界处，形似公交车候车亭的小型藤架。攀缘
其上的月季是'皇家日落'。

用边角料制成的小梯子。

无须准备精确的
设计图

    从房屋建成后，
野野山先生便开始
设计建造他的花园。
至今为止的 25 年间，
他一直都在享受着
DIY 造园的乐趣。

    野野山先生最初挑战的是木质露台。这是他将原本的砖墙推倒后，用 2×4 规格的木材
建造而成的。后来，他注意到被雨淋湿的木材容易受损后，又在露台上新建了一张顶棚。而
后又经历了增设阳光房与藤架之类的数次改造，花园才成为现在的样子。"我只画了一张大
概的效果图，并没有特意去准备精确的设计图。有了设计图反而会导致很多尺寸上的偏差，
不如直接根据现场的实际情况来施工。"

将月季牵引到构造物上

    在与邻居家院子的分界处，主人设计了形似公交车候车亭的月季藤架、木头小屋、栅
栏，以及利用装饰砂浆饰面的围墙来遮挡视线。被牵引到构造物上的月季，到了盛开的季节
便成了一道亮眼的风景。从花园建造初期种下的'皇家日落'开始，淡粉色及奶黄色的各种
月季渐渐爬满了花园中的构造物。

用装饰砂浆翻新栅栏。

为了遮挡邻居家的热水器而建起的矮墙，用装饰砂浆做出纹理，并安装了蓝色的假门窗作为装饰。

Point 1

使用构造物遮挡视线
活用植物与杂货进行装饰

野野山先生开始进行 DIY 的目的之一，便是"尽量让邻居家的建筑物不出现在视线范围内"。仅使用栅栏会稍显单调，可以灵活运用小屋及假墙等构造物，使景色更为丰富有趣。注意，构造物的颜色应能与月季的花色和谐搭配。

竖置板材并根据希望遮挡的物体来调整高度。板材上缘的高度各不相同，看起来更为自然随意。

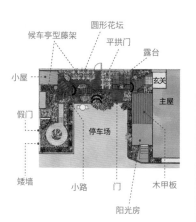

候车亭型藤架　圆形花坛
平拱门
露台
小屋
玄关
主屋
假门
停车场
矮墙　小路　门　木甲板
阳光房

建在花园一角的小屋。已经弃用的古井恰好位于小屋旁边，与风景融为一体。

104

①

②

③

④

①侧面使用了铁艺杂货进行装饰。
②镶嵌了镜子的假窗，映出了花园中的月季。
③用旧的铁制品组成的搁板。
④藤架上方牵引着月季。

Point 2

充分展示
主人审美的藤架

　　小型藤架背靠一面墙，其内部可以作为一个展示空间。使用各式杂货和当季植物混栽进行装饰，形成一道如画的景致。在遮蔽邻家建筑物的同时，也能充分体验这份"装饰的乐趣"。这种藤架结构较为简单，即使是初次尝试也能轻松完成。

内部安装了搁板以放置花盆。

Point 3

想要改变氛围的话
就重新设计吧

　　花园中原本栅栏造型的木门经历了常年的风吹日晒已经较为陈旧，主人就进行了翻新，换上了一扇安全性较好的大门，看上去更为成熟稳重。再次改造也是花园DIY的乐趣之一。只要让花园的样子一点点地改变，这种乐趣就会永远持续下去。

改造前

使用了枕木作为门柱。乡村风格的大门对面便是中庭。

改造后

保留了门柱，在内侧钉上木材并刷成让人眼前一亮的红色，再安装上铁艺大门，改造完成。

连接到月季藤架的小路铺设方法多样。

（左）小路的一部分被打造成花坛。
（下）仅用几块石头组成的花坛。

简单打造小路与花坛
更能体现自然感

　　"刻意制造不完美"是一种只有在 DIY 时才能体验到的技巧。在打造小路与花坛时，野野山先生的作风即是"不追求完美"。例如在用砖块堆砌花坛等结构时，把砖块缝隙间的砂浆故意填充得随意一些，可以制造一种自然的美感。

用砖块随意砌成的花坛。正中央用天然石块围成一个小圈。建造方法请参考下方的教程。

自然风格花坛的
打造方法

　　为了呈现自然随意的风格，关键在于要选用颜色不同的砖块，且相邻砖块之间留出较大的间隙，并用砂浆以较随意的手法进行固定。同时，由于没有用砂浆填满缝隙，之后想要进行改造时也更容易操作。

1 平整地面，在要砌砖的地方铺上碎石。

2 将砖块摆放上去。

3 随意地用砂浆填充砖块间的空隙进行固定。

4 用锤子从上方敲击扁凿，将砖块一分为二。

5 用凿开的砖块砌第二层，砖块间的间隔比第一层大，用砂浆固定。

6 用同样的方法砌好第三层后填土。在中央摆上天然石块。

①屋檐下方打造了
柜子。
②栏杆上镶嵌铁艺
装饰品。
③栏杆也起到了置
物架的作用。

Point 5

将木甲板改造成
凉亭及阳光房

　　此处最初是没有屋顶的木甲板，而后
搭建了立柱和上部的藤架，部分区域安装
了透明的屋顶和玻璃窗，使其成了一间阳
光房。地基部分是在拆砖墙时留下的两层
砖块的基础上增建而成的。之后又新建了
台阶，形成了现在的整体外观。

为木甲板增建了立柱和屋顶。

（左）站在上方照片
中的入口处向内部看
到的全景。
（下）最里面被作为
阳光房使用。

内景

外景

（上）阳光房的外侧。
（右）为了便于牵引月季而使用了
聚碳酸酯波纹板作为屋顶，采用了
可以调整位置的结构，确保光线
充足。

107

运用装饰砂浆创造
日式与欧式相融合的空间

根据地点决定主题

横道夫妇二人每年都会一起创作，共同为家中增添一两个 DIY 物件。他们会根据地点的不同来设计相应的主题，共享改造花园的乐趣。

太太的爱好是装饰砂浆饰面工艺。她在玄关周围的墙面及花坛的砖块上涂刷装饰砂浆，制造出了带有纹理的质感。她说："我很喜欢植物，从 10 年前就开始学习盆栽的相关知识。不过，我希望能让盆栽的装饰方法不过于日式，所以放置了在视觉上能和阳光房融为一体的装饰架。"木工部分主要由丈夫负责，而装饰砂浆的处理则交给了妻子。根据位置的不同，小路也相应地使用了不同的色调与材质，营造出与主体相契合的氛围，由此打造出时尚的日式与欧式巧妙融合的花园空间。能够亲手创造出符合自己喜好的空间，在横道夫妇看来，这就是 DIY 的乐趣所在。

面向道路的花坛。在多肉植物与小型针叶树之间，装点着用装饰砂浆处理过的花园杂货。

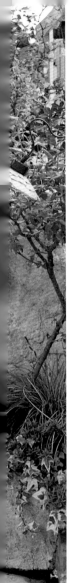

①站在院子里观察院墙内侧。
②运用了名为蝶古巴特*的手法，拼贴彩色图纸并刷漆打造的邮箱。
③花盆与空罐子上也运用了蝶古巴特装饰。

* 译注：蝶古巴特（Decoupage）源自于法文动词，意思是将美丽图型剪裁，拼贴装饰于家饰物品或家具上，展现出创意设计的装饰艺术。

Point 1

被簇拥在装饰物与花草之中
运用装饰砂浆工艺打造的院墙

从人行道走入住宅用地内，映入眼帘的第一幅画面，便能让人不由自主地联想到"明朗"一词。橙色的郁金香与运用装饰砂浆工艺打造的法国南部风格的院墙极为契合。运用蝶古巴特的手法以可爱的彩纸与邮票制作而成的邮箱给人留下了深刻的印象。

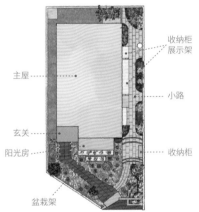

收纳柜
展示架

主屋

小路

玄关

阳光房

收纳柜

盆栽架

Point 2

用布艺品与置物架
美化与邻家的分界线

与邻家之间的分界线上设置了栅栏墙。由于木板之间的空隙较大，所以在两家窗户相对的位置摆放了置物架与亚麻布来遮挡视线，同时也充当了一个展示小装饰品的场所。拱形支架的顶端牵引了金银花。白色的置物架和亚麻布与绿色的叶片形成对照，营造出沁人心脾的氛围。

▲ 置物架的上半部分采用了镂空的设计。

使用蝶古巴特技巧在木板、罐子和马口铁制的小装饰物上涂绘，独具特色。

109

（左）多层结构的盆栽架。让阳光房的高处也可以装饰。（上）让人联想到杂木林的富士山毛榉盆栽。

铺设了陶砖的阳光房。

Point 3

运用装饰砂浆和木质花架
打造盆栽展示区

　　低矮的砖墙用装饰砂浆饰面，搭配白色木质花架，成为可以展示盆栽的区域。盆栽架内侧靠近房子的区域铺设了陶砖。抬升式花架可以将盆栽装饰得更为立体，同时也能确保空气的流通。

阳光房的外侧

室外水龙头的是早期的 DIY 作品。下方铺设着碗和花盆的碎片。

盆栽架的内侧

墙面上设置了遮挡防雨窗套的挡板，还可以用来收纳工具。

①小路旁的植被中间镶嵌了手工制作的垫脚砖。
②小型的方形石材与叶色各异的地被植物的组合。
③将打碎的陶土花盆碎片用作铺路材料。

Point 4

用地砖的铺砌展现独特的风格

　　根据地点选择不同的铺路材料，并在铺设方式上下功夫。将小型的正方形石材整齐排列，感受其与地被植物之间形成的对比感。延伸到主屋玄关前的主路采用红陶地砖进行铺设。而打碎的花盆也可以保存下来，作为铺路材料使用。

110

木通。

黄花宝铎草。

四国南星。

虾脊兰。

为了保证通风，栅栏保留了较大的间隙。日式的落叶树与宿根植物、攀缘植物等植被充实了这片空间。

尽头处模拟的是日本里山湖的风景。由红色、白色的两株山茶花与蕨类植物、茗葱、鸭儿芹、山茱萸、虾脊兰、虎耳草等植物组合而成。

Point 5

利用白色栅栏墙与砖头小路
使日照较少的狭窄空间显得明亮

在主屋与栅栏围墙之间的狭窄空间里，以白色为主色调，搭配绿植，让空间显得明亮。围墙边上的植栽区与尽头处栽种的植物以山野草等日式植物为主。置物架上摆放着多肉植物和手工艺品。

①沿着房屋周围日照充足的区域设置了搁板。
②用种在小花盆里的多肉植物进行装饰。
③栅栏墙上也挂着手工艺品与植物结合而成的装饰物。

案例
3
福间夫妇

通过DIY实现
变废为宝的可能

神奇的车库花园

　　上方照片中所示的区域，原本属于一间车库。福间夫妇将这里叫作"车库花园"。右后方的小屋是把旧的木工 DIY 物件拆解后，将其中仍可以使用的部分重新利用起来建造而成的。虽然地面进行了硬化铺设，但琳琅满目的绿色植物让这片空间显得生机勃勃。

　　福间先生开始接触 DIY 大约是在 25 年前。一开始是为了满足夫人的要求而在休息日做一些木工活，但自从退休之后，他对 DIY 的热情就一发而不可收地高涨了起来。"我爱人会跟我说'这次做个这样的吧'，然后要我给她做一个特别难的设计，可难坏我了。"福间先生笑着说道。

（左）利用旧的搪瓷盆改造成的水池。（下）暂时用不到的东西被收纳在小屋里。

Point 1

通过DIY将车库
改造成收纳与展示的空间

将装有透明屋顶，面积为 7m × 2.5m 的车库改造为花园的一部分——充分发挥DIY创意的展示空间。植物也在这处具备适当通风条件的空间里茁壮生长着。屋顶上栽种着一大片香草。靠内侧的门连接着厨房的后门，需要的时候可以直接到这里采摘。

用旧窗户改造而成的门。

站在车库入口处看向内部。

这里最让人印象深刻的，是那些风格显著的废旧物品。主人重视让人身心放松的感觉，将旧窗户与彩色玻璃巧妙地组合在一起，用各种废旧物品营造出这片富有魅力的空间。而出门参加古董品展销会"淘宝"，也是夫妻二人的快乐时光。

福间夫人平时会在家里开展一些香薰小课堂，所以自己栽种了各种各样的香草。有时她也会在花园里招待学生们用餐。"比起用餐，大家更享受待在花园里的时光。"福间夫人这么解释道。

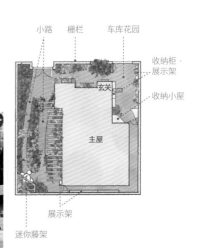

（上）站在梯子上采摘香草的福间夫人。
（右）福间先生每天都在勤奋地修理与制作着。

小路　栅栏　车库花园

收纳柜·展示架

玄关

收纳小屋

主屋

展示架

迷你藤架

就像这个上色后绕上了麻线的空罐子，花园里的很多物品都经过这样的细致处理。

利用木板墙和搁板打造开放式收纳架

这些照片展示的是车库花园的内景。照片的左侧是通道。墙面被改造成了收纳架，既能展示收藏品，也兼具收纳的功能。屋顶与墙壁之间有间隙，因此向上牵引了木香。每到开花的季节，木香的花朵会覆盖住整个架子。而快要朽坏的旧木板也被保留了下来，垫在地面上，形成了这个独具特色的空间。

①将盆栽的木香花牵引到屋顶上。
②园艺工具收纳在开放式的收纳架上。
③将旧窗户拼接起来。
④废弃的网笼也成了风景的一部分。

将老物件翻新整修改造成自己喜欢的风格

将坏掉的东西修理后继续使用是福间家的一贯原则。例如这张花园长椅，木质的椅面腐朽掉了的话，就更换一块木板翻新即可。之后，再将朽坏的木材上依然可以使用的部分锯下来拼接在一起，把再利用的原则贯彻到底。正是在 DIY 的过程中，才能像这样实践"惜物如金"的精神。

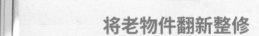

在坏掉的户外水龙头右侧加上砖块，用来放置花盆。

更换过木质椅面的花园长椅，铁艺部分也被刷成了白色。

①木架部分摆放了小花盆作为装饰。
②铁艺的小物件被漆成了与框架相同的颜色。
③铺设地面的石块时巧妙地将下水道的入口部分融入其中。

Point 4

利用迷你藤架
让花园的死角焕发生机

被树木环绕的角落，很容易成为花园的一处死角。福间夫妇活用花园角落的空间，搭建了一个不规则形状的藤架，再在地面上铺设上方砖，打造出一个可以让人放松身心的迷你休闲区。

如同秘密花园般的空间。

Point 5

发挥奇思妙想
让狭窄的空间也成为一处风景

主屋与栅栏围墙之间的狭窄空间，也被设法改造成一处风景。高处的置物架上放置了一些小物件和小花盆。虽然这片空间光照条件较差，但较高处依然能获得充足的光照，因此主人在上方牵引了一些攀缘植物。攀缘植物恰到好处地缠绕在藤架上，带来了清新的绿意。

房屋角落处的死角被改造成了收纳空间。

在栅栏上设置了搁板，装饰着一些盆栽植物与杂货。

狭窄的置物架可用来摆放小物件。

月季与其他植物交相辉映的花园

Akiyama

Point 1

利用屋檐下方的墙面打造立体的景观

此处是停车位，可供栽种的土壤较少。通过将月季牵引到住宅的墙面上，并灵活运用空调外机防护罩与置物架等构造物，打造出一片具有立体感的风景。将旧窗户横靠在墙上形成的"迷你阳光房"十分引人注目。窗户下方铺设了人造石块，用来遮挡地基的混凝土部分。

活用干粉砂浆

　　秋山先生有着 20 年的 DIY 经历。他以建造一座月季与其他花草交相辉映的花园为目标，一点点地进行着花园的修建。至于木工 DIY 部分，虽然秋山先生也会参与其中并提供一些协助，但大部分都是由他的夫人来负责。

　　秋山先生对称得上是"花园脊梁"的路面铺设这一环节十分讲究。停车位需要优先考虑地面强度，而在狭窄的地方则要把表现出深邃感放在首位，秋山会像这样根据不同的场合来决定不同的主题与设计。

　　"第一次铺小路的时候，搅拌砂浆的手法不太熟练，结果失败了。之后就一直在用那种只需要加水，无须自己配比搅拌即可自动固化的干粉砂浆了。"秋山夫人说道。在用不规则石材铺设小路时，秋山夫妇会事先画一张设计图，大概确定其中较大的石块的摆放位置。使用干粉砂浆可以一边铺设一边进行微调，即使是新手也能轻松地完成。

　　在花园整体的配色上，秋山夫妇也下了功夫。月季主要选用了淡粉、淡黄与杏色等色调温和的品种。宿根植物、一年生草本植物与月季之间相辅相成，营造出温馨的氛围。置物架、篱笆和小路等 DIY 构造物与植物巧妙地交融在一起。

月季'杰奎琳·杜普蕾'的下方有一个"迷你阳光房"。

在休闲区的屋顶上牵引了白色月季'龙沙宝石'与藤本月季'夏雪'。地面上则栽种着叶片尖锐的新西兰麻、柔毛羽衣草以及看上去软蓬蓬的蕾丝花。

Point 2

将废旧物品
活用在休闲区中

　　休闲区中牵引着月季的栏杆，其实是从二楼阳台拆下来的。将还可以利用的废弃建材重新上漆，改造成休闲区的栏杆，可谓是一个绝佳创意。用不规则石材铺设的地面四周种植着低矮的植物，与扶手融为一体，创造出优美的风景。

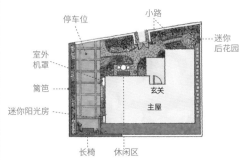

停车位　　小路
室外机罩　　　　　迷你后花园
篱笆
迷你阳光房　　玄关　主屋
长椅　　休闲区

靠近扶手的部分嵌入了铁艺隔断用于支撑。

支撑休闲区屋顶的立柱被设计成置物架的样式，用来放置小型盆栽。

休闲区内部。

月季花期之外

叶片较少的季节里可以清楚地看见栅栏，很有现代感。

月季开花时

白色或粉色的月季花朵在黑色栅栏的衬托下显得更加娇艳美丽。

从停车场一侧望向内部。覆盖在栅栏上的单瓣白木香（原生种的木香）的深绿色叶片与黑色的栅栏十分相配。

Point 3

黑色栅栏具有聚拢景色的效果

停车场深处与侧部的栅栏被刷成了黑色，与陶土色的地面、绿色的叶片以及白色的花朵之间相辅相成，营造出一片安稳幽静的景色。此外，其中一部分栅栏是用竖直的木板打造而成的，给人一种活泼的感觉。正对门口放置的长椅成了视觉中心。

Point 4

用植物与石材打造富有戏剧性的景观

巧妙运用不规则石材、方形石材与砖块等各式铺路材料进行有趣的铺设，可以让花园的风景更有韵味。小路周围种植了地被植物，用来遮挡泥土。设置在小路深处的拱门让整体景致有了景深，引人入胜。

在地面的铺砌上下了功夫的迷你后花园。

小路被设计成柔和的曲线型，用来强调远近感。

停车场与小路的交会处设置了缓冲区域。

种植在小路边缘的地被植物。

双层结构的花坛。上层种着较高的宿根植物，生长起来之后可以起到隔断作用。

Point 1

用不设栅栏的花坛划分道路与花园

德生女士在自己家中开了一间售卖手工艺品与古董的商店。一些来购物的客人喜欢在她家玄关前的小花园中稍做休憩。用来砌花坛的砖块是从网上购得的碎砖。德生女士将它们随意地砌成花坛，作为马路与住宅用地的分界线。

重视自己的风格

德生女士开始 DIY 的契机，是在自家的商店里成功卖出了自己手工制作的盘子。当她感受到 DIY 的乐趣之后，便决定自己动手改造自家的花园。

德生女士第一次挑战大工程是在 8 年前——自己动手在住宅玄关的一侧搭建了一间小屋。她在网上买了点旧的瓦片，但却不知道要怎么铺在屋顶上，就去请教泥水工。后来又花了 2 个月的时间不断尝试，最后总算是完成了。

之后德生女士又制作了篱笆、花坛，还动手铺设了小路，目前正在翻新一个木质露台。为了展现 DIY 特有的风格，她采用的做法是不过分精雕细琢，展现出自然随意之感。

不用精雕细琢
展现自然风格的古董店

Tokusyo

小屋　露台

主屋

小屋

玄关

小路

栅栏

小路　　花坛

（右）在位于主屋侧面狭窄通道入口处的拱门上牵引了月季'罗森·道夫'。（下）栅栏上牵引了原生种月季。

攀爬在 DIY 小屋侧墙及屋顶上的月季'约克城市'。

Point 2

打造自然随意的构造物
以衬托月季

建筑物与栅栏上牵引了白色与淡粉色的月季。为了能更好地衬托月季，栅栏特意采用了粗放的涂装方式，并进行了做旧处理。德生女士十分喜欢英式古堡那种能让人感受到恰到好处的岁月感的风格。

从上方观察连接着马路的小路。

植物根部用砖块围起，从而与铺有小石子的区域分隔开。

Point 3

巧妙运用砖块
让狭小的空间也张弛有度

种有月季等植物的地方被砖块围了起来以划分区域。这样不仅可以让空间更加张弛有度，围起来的部分也能加入优质的土壤，帮助植物茁壮生长。狭窄的空间里铺设了一条斜向的小路，死角也被打造成小花坛。马路边的区域种植着灌木，用来替代栅栏。

巧妙运用装饰手法
打造赏心悦目的私密空间

狭长的藤架。横向的木条与下方的置物架起到遮挡作用，让人不容易注意到后方的邻居家。

Point 1

设置视觉焦点
转移对邻居家的关注

增加栅栏的高度或是缩小栅栏木板的间距，会产生一种压迫感。但如果设置一些置物架或假窗之类的视觉焦点的话，即使是木板间隙较大或者较矮的栅栏，也能成功吸引视线。这是一种巧妙利用了大脑"选择性地看见想看的东西"的做法。

用剩余的木材与百叶窗进行简单的遮挡。

栅栏中间嵌入了一扇颜色让人眼前一亮的假窗。

收纳·展览空间　藤架
花坛
露台
主屋
栅栏
停车场
玄关
前花园

把花园开放日当作一种激励

从 10 年前开始打造花园起，龟甲夫妇二人一直都在享受着 DIY 的乐趣。他们以建设一座"孩子可以和朋友们一起玩耍的花园"为目标，不断改造着花园。在邻家与自家院子之间设立的栅栏提升了花园的私密性，因此一家人有时也会在一起享受户外烧烤。

"DIY 的好处在于你可以按照花园和屋子的尺寸自由地制作各种东西。"龟甲夫妇表示。因为比较重视色调的统一感，他们会在制作前决定好木质结构的基本色与重点色。古董小物件则大多是通过网上的在线拍卖购得的。

龟甲夫人开始接触 DIY 之后，就越发想要学习花园设计的相关知识，还通过学习取得了花园设计师的资格证书。她表示，自己会参加当地的花园开放日活动，也是觉得这样能够起到一种激励作用，让她对下次要制作些什么充满期待。

龟甲夫人在家里开设了多肉植物的混栽教室。

Point 2

活用重点色来展示视觉焦点

构造物的基本色调是棕色，而重点色则选用了素雅的蓝色。将位于花园中显眼处的门、梯子等物件刷成重点色，让风景十分生动。对用到的色彩数量的控制既产生了统一感，也给人以别致的印象。

刷成蓝色的 DIY 物件一下子就映入了眼帘，让这里成为装饰区。而多肉植物组盆和古董小物件的组合，有助于营造氛围。

（右）在迎客牌上种上了多肉植物。
（下）木板上牵引了藤本月季'粉色夏雪'与'薰衣草之梦'。下方地面栽种着小叶鼠尾草。

Point 3

在面积较小的前庭花园活用墙面的垂直空间

在紧邻马路的入口处几乎没有裸露的泥土地可供栽种。因此，主人把月季牵引到墙面上，活用垂直空间。紧靠着墙壁栽种了几株高度各不相同的树木，成为月季开花时的绝佳背景。邮箱支柱上爬满了薜荔，形成了一根天然的绿色柱子。

案例
7
中村夫妇

将光照不足的通道
改造成美丽的花园小路

124

利用仅有的空间设置的置物架。为了让多肉植物尽量不淋到雨，还安装了小型顶棚。

Point 1

收纳、遮挡视线、展示，兼具多种功能的置物架

为了不妨碍通行，置物架的深度被限制为35cm。它既起着遮挡邻居家的作用，也承担着收纳与展示的功能。玄关侧部的间隙安装了DIY的小门，用来收纳各类工具。

展示出的杂货与多肉植物。

不向恶劣条件低头的花园改造

中村家通往玄关的小路是一片宽约2m、长约8.5m的区域，受两侧邻居家的影响，日照和通风条件都不尽如人意。

为了尽可能地确保通风，中村放弃使用木质栅栏墙，改用栅栏网并紧贴着放置了商店里买到的格状花棚。玄关侧面等较为显眼的地方则放置了宽度较窄的DIY置物架。置物架较高的地方能够获得充足的光照，因此盆栽植物的长势都很不错。

随处可见立在地上的枕木被用来放置花盆。这样既是为了确保充足的光照，也是为了让景致更加立体。中村先生十分注重细节的打造，例如在小路两侧种植了叶色鲜亮的地被植物等等，最终打造出了这条美丽的小路。

Nakamura

Point 2

挑选合适的植物并利用高低差来解决光照与通风不足的问题

种植在地面的植物以对光照要求较低的宿根植物和叶色鲜亮的地被植物为主，开花植物则尽可能采用盆栽的形式并放置在高处。月季开花的季节里，从拱门及玄关上方射进来的光线照在开满月季的花园里，美不胜收。

①连接着停车场的小门，向里走就是小路。装饰着用当季植物打造的组合盆栽。
②竖置的枕木被用来放置花盆。
③琳琅满目的彩叶植物带来了变化。

最低成本的改造——
DIY为旧出租屋改头换面

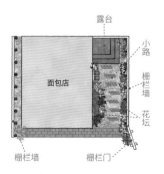

每周只营业一天的面包店正准备开门。

废旧材料的重新利用

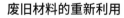

　　真下女士将老旧的平房出租屋进行了一番改造，用来经营一间每周只营业一天的面包店。整个店面的所有地方，包括外墙和花园，全部都是通过 DIY 完成的。

　　"我的目标是把用于内部装潢、花园打造，以及购置冷柜、面包发酵机之类的全部费用控制在 50 万日元（约 3 万元人民币）以内。家具和各种工具也尽量用家里现有的。"真下介绍道。她把自己的设想画在纸上，标上尺寸并计算好板材的长度。为了便于搬运，她会在建材市场请工作人员帮忙把板材切割好。栅栏墙使用的 1.8m 长的木材则是自己动手裁成两半的。所有的构造物都采用了尽量不产生浪费的尺寸。此外，她还通过重新利用废旧材料来节约材料费。

　　来店的客人里很多都是老人家和带着小孩子的人，因此沿着小路种下的花都采用了亮色系。供客人等待时休息的红色椅子也成了一道亮眼的风景。

露台

小路

栅栏墙

花坛

面包店

栅栏墙　　　栅栏门

木质露台各层的木板方向不同，产生了变化感。

仅靠铺设砖块就改变了地面的风景。

Point 1

如绘画般铺设砖块
让小路别具韵味

店铺入口处的木质露台被设计成了老年人也能轻松踏上的阶梯状。连接到入口处的小路随处铺设着砖块，营造出一种轻松的氛围。盆栽和花坛周围也铺设了砖块。

Point 2

利用已有的木桩
以便将来恢复原状

由于是租来的房子，因此将来不开店的时候必须要恢复原状。为了将来在收拾的时候尽量省事一些，真下女士采用了尽可能便于恢复原状的布置方法。栅栏使用支柱替代砂浆作为支撑，并绑在原有的木桩上进行固定。

建筑物外墙的涂刷工作也是真下女士自己动手完成的。为了配合墙壁的色调，栅栏被刷成了白色。

栅栏门上安装着小置物架，放上盆栽作为装饰。

Point 3

回收利用废弃物
以节约开支

真下女士从熟人的店里拿了原本是安装在墙上的一些废旧木材，并把它们改造成了栅栏门。原本预留给管子的孔洞保留原样，安装上支撑用的脚架，再漆成白色，就成了别致的栅栏门。不营业的时候就把这些栅栏门放在小路尽头。

图书在版编目（CIP）数据

大师改造课：小花园设计与打造／（日）有福创主编；
花园实验室译 . —— 武汉：湖北科学技术出版社，2022.1
（2023.4 重印）
（绿手指小花园系列）
ISBN 978-7-5706-1726-5

Ⅰ.①大… Ⅱ.①有…②花… Ⅲ.①花园—园林设
计 Ⅳ.① TU986.2

中国版本图书馆 CIP 数据核字 (2021) 第 234912 号

大师改造课：小花园设计与打造
DASHI GAIZAOKE: XIAOHUAYUAN SHEJI YU DAZAO

责任编辑：张丽婷
封面设计：胡 博
督 印：刘春尧
翻 译：药草花园 武致远 园丁兔小迷

出版发行：湖北科学技术出版社
地 址：湖北省武汉市雄楚大道 268 号出版文化城 B 座 13-14 层
邮 编：430070
电 话：027-87679468
印 刷：武汉市金港彩印有限公司
邮 编：430040
开 本：889×1194 1/16 8 印张
版 次：2022 年 1 月第 1 版
印 次：2023 年 4 月第 2 次印刷
字 数：180 千字
定 价：58.00 元

（本书如有印装质量问题，可找本社市场部更换）

主编　有福创

花园设计师，日本园艺设计者协会理事，曾多次在国际园艺展
中获奖。喜爱植物，在建材市场与园艺店工作多年后，于 2006
年创立了以花园设计、施工为主要业务方向的"朴工房"。此
外，还在职业学校中担任讲师，开设花园设计相关课程。